Die Maßsysteme in Physik und Technik

Kritische Untersuchung der Grundlagen zur
Aufstellung einwandfreier Maßsysteme und
Vergleich der bestehenden Systeme
in Physik und Technik

Von

Dipl.-Ing., Dr. techn. G. Oberdorfer

o. ö. Professor an der Technischen Hochschule Graz

Wien
Springer-Verlag
1956

ISBN-13:978-3-211-80418-6   e-ISBN-13:978-3-7091-7862-1
DOI: 10.1007/978-3-7091-7862-1

Vorwort

Die Natur bricht niemals ihre Gesetze.

Leonardo da Vinci

Das vorliegende Buch war ursprünglich als zweite Auflage meiner Broschüre „Das natürliche Maßsystem" gedacht. Seit Erscheinen dieser Broschüre hatte ich aber Gelegenheit, mit einer großen Reihe von Fachleuten aller Gebiete der Technik und Physik über das Maßsystemproblem ausführlichst zu diskutieren, beziehungsweise in nationalen und internationalen Fach- und Normungsverbänden mitzuarbeiten, so daß ich einen weiten Einblick in die verschiedenen Ansichten und die Probleme gewinnen konnte, die heute immer noch die Maßsystemfrage beherrschen. Der dominierende Eindruck ist nach wie vor die Erfahrung, daß einerseits aneinander vorbeigeredet wird, da die wesentlichen Grundbegriffe verschieden definiert, verschieden gedeutet und verschieden gewertet werden, und daß vor allem eine Reihe von ausgesprochenen Fehlern deshalb gemacht wird, weil nur wenige imstande sind, wirklich bis auf die maßgeblichen Grundlagen vorzudringen und sie objektiv zu beurteilen. Diese Grundlagen erscheinen meist trivial und machen es vielen unmöglich, durch generationenlange Gepflogenheit und Gewöhnung in Fleisch und Blut übergegangene Formen von Grund aus zu revidieren. Aus diesem Grunde erschien es mir angezeigt zu sein, die flüchtige Skizze durch eine ausführliche Arbeit zu ersetzen, in der ich mich bemühte, die Grundlagen kritisch herauszuarbeiten und den häufigsten Einwänden, denen man immer wieder begegnet, den Boden zu entziehen.

Vor allem möge man sich doch hüten, in die Physik Zweckmäßigkeitsgründe einzuschmuggeln. Bedeutet doch die Physik unmittelbare Naturbeschreibung, und die Natur kennt keine Zweckmäßigkeiten, sondern nur Gesetze. Messen ist nicht Physik, sondern erst das Auffinden der Beziehungen zwischen den Größen, die uns die Natur darbietet und die wir durch Erfahrung einfach zur Kenntnis nehmen müssen. Freilich ist physikalische Naturforschung ohne Messung nicht möglich, aber das Messen ist Hilfsmittel, nicht Zweck und Inhalt der Physik.

Ein weiteres Erfordernis, das man unbedingt beachten muß, um zu einer stichhaltigen Lösung des Problems zu kommen, ist, daß man nichts voraussetzt. Jedes Gesetz muß neu erarbeitet werden, jede Beziehung neu gefunden. Nur dann ist es möglich, zu erkennen, was ursprünglich ist, was definiert und was abgeleitet.

Nicht zuletzt sei daran erinnert, daß die wesentlichen Fragen des Maßsystemproblems an die Grundlagen der Philosophie, Logik, Erkenntnistheorie und Mathematik rühren. Es ist daher aussichtslos, zu einem gegenseitigen Verstehen, geschweige denn zu einer fruchtbaren Diskussion oder Lösung zu kommen, wenn man sich nicht präzisester Dialektik und eindeutiger Bezeichnungen bedient. Befolgt man dies aber, so scheint mir, daß der Fall gar nicht so schwer liegt und eine alle befriedigende Lösung ohne besondere Schwierigkeit gefunden werden kann.

Mit der Hoffnung, den Weg dazu genügend klar beschrieben zu haben, und der Bitte, das Buch trotz mancher scheinbarer Trivialitäten nicht nur zu durchblättern, übergebe ich es hiemit der Öffentlichkeit.

Ich habe noch meinem seinerzeitigen Assistenten, Herrn Dipl.-Ing. RICHARD PINTER, für die freundliche Durchsicht der Korrekturen und die wertvollen Hinweise und dem Springer-Verlag für das Entgegenkommen und die gute Zusammenarbeit herzlichst zu danken.

Graz, im Dezember 1955

Der Verfasser

Inhaltsverzeichnis

§ 1 Einführung

Sieht man das einschlägige Schrifttum der letzten Jahre und Jahrzehnte durch, so befällt den Uneingeweihten ein begreifliches Staunen und Mißtrauen. Es gibt kaum eine technisch-wissenschaftliche Zeitschrift, die nicht in einzelnen oder auch mehreren Heften Arbeiten über Maßsystem- und Einheitenfragen veröffentlicht hat. Bei ihrer Lektüre gewinnt man unwillkürlich den Eindruck, daß auf diesem Gebiete noch alles unklar sein müsse, oder daß man bisher überhaupt alles falsch gemacht habe. Man versteht dann nicht recht, wie es denn bisher möglich war, in den Berechnungen richtige Ergebnisse zu erzielen, denn gerechnet wurde ja seit eh und je und die Erfolge in Technik und Physik zeigten doch immer wieder, daß die Berechnungen einwandfrei waren. Oder sollte vielleicht der ganze Maßsystemrummel nur eine Art technischer Modetorheit sein, erwachsen aus dem Drang, sich in mehr oder minder geistreichen Spielereien oder rein formalen Spekulationen austoben zu können? Bei manchen Veröffentlichungen möchte man ja fast zu dieser Ansicht kommen, und es gibt eine Reihe von Autoren, die das unumwunden aussprechen und irgend ein ernstliches Maßsystemproblem gar nicht anerkennen wollen.

Auf der anderen Seite gibt es aber doch zu bedenken, daß sich heute in allen Kulturstaaten nationale und internationale Körperschaften in endlosen Sitzungen mit dem Maßsystemproblem befassen, abgesehen davon, daß die schon erwähnte, dauernd fließende Diskussion im Schrifttum schon längst versiegt wäre, würde nicht doch ein irgendwie wichtiges Problem vorliegen.

Die Maßsystemfrage und die mit ihr im Zusammenhang stehenden Probleme der Einheiten und Dimensionen nimmt eine ganz eigenartige Stellung in der Physik und Technik ein. Diese Stellung ist durch die historische Entwicklung dieser beiden Disziplinen entstanden. In beiden kommt es sowohl bei der Beschreibung als auch der Auswertung gefundener Beziehungen vorerst auf die zahlenmäßigen Verknüpfungen an, die nur über Messungen gefunden werden können. Das Messen war also erste Notwendigkeit, um weiterzukommen. Zum Messen gehören aber Einheiten, mit denen die zu messenden Größen verglichen werden können und die beim Vergleich einen bestimmten Zahlenwert (Maßzahl) als kennzeichnende Angabe für die Ausdehnung oder das Ausmaß der Größe liefern. Die Beziehungen zwischen diesen Maßzahlen waren das in erster Linie Interessierende, weil ja die realen Ausdehnungen für die technischen Anwendungen das wesentlich Wirkliche darstellen. Die verwendeten Einheiten treten mehr in den Hintergrund und man machte sich über deren Wesen nicht allzu viele Gedanken. Man wählte sie von

Fall zu Fall in passender Größe und wurde sich erst später bewußt, daß auch zwischen den Einheiten Abhängigkeiten bestehen. In der Zwischenzeit sind eine große Anzahl von Beziehungen zwischen den Maßzahlen gefunden worden, denen man fast nur notgedrungen die sich ergebenden Einheitenbeziehungen hinzufügte, ohne sich aber Rechenschaft abzulegen, ob das so ohne weiters zulässig ist. Da aber die Beziehungen zwischen den Maßzahlen zunächst das Entscheidende, weil praktisch Angewandte darstellten, tat man dies ohne Bedenken und konnte sich hinterher nicht nur schwer entschließen, die Einheitenbeziehungen einer Revision zu unterziehen, sondern man wollte dies auch nicht, weil doch alles bisher ohnehin in Ordnung und zur Zufriedenheit der Rechner ging. Es war ja überdies zu befürchten, daß die aufgefundenen Beziehungen auch der Maßzahlen revidiert werden müßten und vielleicht grundsätzlich neue und andere Darstellungen der Gesetze notwendig werden.

Nun wurde aber die Physik und Technik mit der zunehmenden Erkenntnis über Wesen und Ablauf der Vorgänge gezwungen, immer tiefer in den Mechanismus der Naturvorgänge hineinzusehen und die Dinge nicht nur ausdehnungsmäßig in den Maßzahlbeziehungen zu erfassen, sondern auch — und dies schließlich in dringlichster Weise — in ihrer „inneren" Wesensbeziehung zu untersuchen. Diese Nötigung verlangte unerbittlich eine kritische Durchsicht der bisherigen Darstellungsweise, die eine Reihe von vor allem erkenntnistheoretischen Mängeln, wenn nicht Fehlern aufdeckte, zu deren Beseitigung von verschiedensten Seiten und nach verschiedensten, oft divergierenden Richtungen Vorschläge gemacht wurden. Alle diese Vorschläge kranken daran, daß die heute bekannten Beziehungen als gegeben angesehen und die Maßsystemprobleme ihnen angepaßt werden sollen. Diese Beziehungen sind, vor allem so weit sie sogenannte Naturgesetze darstellen, so sehr in Fleisch und Blut der lebenden Generation eingegangen, daß ihre erste Auffindung und Darstellung nicht mehr vorgestellt wird. Generationen haben es so gemacht und man kommt erst gar nicht auf den Gedanken, daß die heutige Form der Gleichungen Voraussetzungen enthalten könnte, die bei der Erstaufstellung bereits gewisse Bindungen für ein Maßsystem aufgeworfen haben.

Je nach der Einstellung der Initiatoren führen die gemachten Vorschläge zu den verschiedensten Folgerungen und damit zu Systemen, die nicht nur sehr weit differieren können, sondern die auch die absurdesten Ergebnisse ernsthaft vertreten. Dabei scheint es doch nur eine vernünftige Grundforderung zu geben, nämlich die Forderung, die erfahrenen Naturgesetze durch einmalige, von Maßsystemen unabhängige Formeln darzustellen. Sobald das Naturgesetz in unserer mathematischen Sprache in vielen Formen erscheint, verliert es naturgemäß den Charakter eines unveränderlichen Phänomens. Irgend etwas Wesentliches wird in jeder der Gleichungen offenbar verschleiert oder etwas Unwesentliches hinzugenommen, weil ja alle Gleichungen gelten sollen und nicht angegeben werden kann, welche der Erscheinung „am nächsten" kommt.

Es gibt nur eine Rettung aus dem Chaos, das ist die gedankliche Zurückversetzung auf den primitiven Ausgangszustand der Physik und die systematische, gedankliche Neuerwerbung der Erfahrungsgesetze, deren richtige Darstellung heute infolge des Überblickes über die Physik möglich ist. Es soll also kein einziges Gesetz a priori angenommen, sondern das gesamte physikalische Gebäude neu, vom primitiven Standpunkt ausgehend, aber streng systematisch aufgebaut werden. Freilich müssen dazu einzelne Begriffe, die zur Beschreibung und Niederlegung des Erfahrenen unerläßlich sind, einwandfrei definiert vorliegen. Sie dürfen nur aus logischen Entwicklungen stammen und keinerlei gefühlsmäßige oder metaphysische Beiwerte enthalten.

§ 2 Die Grundlagen der Gesetzbildungen

§ 21 Größen

Die Objekte in der Natur besitzen gewisse Eigenschaften, mit denen sie auf unsere Sinne wirken und den Verstand so affizieren, daß er zur Feststellung ihrer Existenz gezwungen wird. Darüber hinaus wird der Mensch vermöge seiner geistigen Fähigkeiten des Verbindens und Schließens veranlaßt, die erhaltenen Eindrücke nicht nur aufzubewahren und zu ordnen, sondern vor allem auch vorhandene oder zu treffende Verknüpfungen vorauszuberechnen. Er bedient sich hiezu der seiner geistigen Konstitution bevorzugt zugänglichen Sprache, der Mathematik. Dabei ist es notwendig, für die physikalischen Erscheinungen Buchstabensymbole zu setzen, die in die mathematische Formel an Stelle der letzteren treten können. Die Symbole werden physikalische Größen oder einfach Größen genannt. Diese Größen sollen nun nicht nur eine bestimmte Eigenschaft der hinter ihnen stehenden physikalischen Objekte ihrem Wesen nach kennzeichnen, sondern auch deren jeweiliges Ausmaß (Ausdehnung) angeben. Sie werden somit durch zwei Komponenten oder Faktoren bestimmt sein, von denen die eine etwas über die Wesensart (Qualität) und die andere über die Ausdehnung (Quantität) aussagt. Man kommt auf diese Weise auf die in früherer Zeit häufig so genannten „benannten Zahlen".

Ein Beispiel einer benannten Zahl wäre etwa 5 Meter, oder abgekürzt 5 m. Es kann sich dabei vielleicht um die Länge eines Tisches handeln. Das vorliegende Objekt ist also ein spezielles, nämlich das gerade betrachtete. Das es darstellende Buchstabensymbol

$$L_s = 5\,\mathrm{m}$$

wird dann auch eine spezielle Größe genannt. Andere spezielle Größen sind beispielsweise 12 s, 220 V, 6 A, usw. Sie stellen sich immer dar durch eine bestimmte Zahl mit nachgesetzter „Benennung". Es wird zu zeigen sein, daß diese Nebeneinanderstellung der zwei Komponenten der Größe einem Produkt gleichkommt, so daß die beiden Komponenten zu echten Faktoren im mathematischen Sinne werden.

Nicht immer liegt das Bedürfnis vor, spezielle Größen zu verwenden. Will man etwa grundsätzlich einen bestehenden Zusammenhang zwischen mehreren Größen in der Form einer Gleichung anschreiben, so ist gerade das Spezielle der Größen uninteressant und seine Angabe stört sogar die Darstellung der Allgemeinheit der Beziehung. So ist es sicher bei der Aufstellung einer Vorschrift zur Ermittlung der Fläche des Tisches unwichtig, ob dieser 5 m, 3 m oder sonst wie lang ist. Einzig und allein wichtig ist nur die Angabe, daß seine Länge mit seiner Breite multipliziert werden muß, um die Fläche zu bekommen. Natürlich müssen dann in einem speziell interessierenden Fall für die Länge und Breite die vorliegenden speziellen Größen L_s und B_s eingesetzt werden.

Die für die allgemeine Rechnung verwendeten Symbole werden allgemeine Größen genannt. Natürlich sind die allgemeinen Größen wieder durch zwei Faktoren gekennzeichnet, die die Ausdehnung und die Wesensart beschreiben. Es sind nur die speziellen Werte dieser Faktoren offen gelassen und erst der speziellen Ausrechnung vorbehalten. Man kann also für eine allgemeine Größe G schreiben

$$G = \{G\}\,(G), \tag{1}$$

wenn man den Ausdehnungsfaktor durch Setzen des Größensymbols in geschwungene und den Artfaktor durch Setzen des Größensymbols in runde Klammern kennzeichnet. Im obigen Beispiel der Tischlänge ist allgemein

$$L = \{L\}(L),$$

und im betrachteten speziellen Fall

$$\{L\} = 5, \qquad (L) = m,$$

$$L_s = 5\,\text{m}.$$

§ 22   Einheiten und Maßzahlen

Zur endgültigen Darstellung einer speziellen Größe ist eine Messung notwendig, die erst eine Aussage über die Ausdehnung der Größe zuläßt. Im wesentlichen handelt es sich bei einer Messung immer um den Vergleich der vorliegenden Größe mit einer passend gewählten speziellen Größe gleicher Art. Es wird dann einfach untersucht, „wie oft diese spezielle Größe in der zu messenden enthalten" ist. Die aus der Gesamtheit aller möglichen Größen gleicher Art für die Messung ausgewählte Größe wird Einheit genannt. Die Einheit ist damit immer eine Größe gleicher Wesensart und vereinigt in sich bereits alle wesentlichen Kennzeichen der zu messenden Größe. Kann demnach eine Größe durch eine vorliegende Einheit gemessen werden, so ist mit der Wesensart der Einheit zugleich jene der Größe gegeben.

Da die Wahl der Einheit aus der unendlichen Mannigfaltigkeit aller gleichartigen Größen völlig frei steht, kann natürlich eine gewählte Einheit selbst wieder durch eine andere Einheit derselben Art „gemessen" werden. Im Beispiel der Tischlänge des vorhergehenden Abschnittes war die spezielle Längeneinheit

$$(L)_{s1} = m.$$

Eine andere spezielle Längeneinheit, das Zentimeter,

$$(L)_{s2} = cm$$

kann seinerseits zur Messung des Meters dienen und es ist bekanntlich

$$(L)_{s1} = m = 100\,cm = 100(L)_{s2}.$$

Wie schon erwähnt, besteht der Vorgang des Messens in der Untersuchung, wie oft die Einheit vorliegen muß, damit die zu messende Größe entsteht. Im wesentlichen handelt es sich also um einen Zählvorgang, bei dem das Ergebnis durch den Quotienten aus Größe und spezieller Einheit bestimmt ist,

$$\frac{G}{(G)_s} = \{G\}_s. \tag{1}$$

Dieser Quotient ist also eine reine Zahl (Zählwert) und heißt die Maßzahl der Größe, genauer die spezielle Maßzahl für die gewählte spezielle Einheit $(G)_s$.

Im Beispiel der Tischlänge gehörte zur speziellen Einheit $(L)_{s1} = m$ die spezielle Maßzahl $\{L\}_{s1} = 5$, zur speziellen Einheit $(L)_{s2} = cm$ die spezielle Maßzahl $\{L\}_{s2} = 500$.

Will man den Vorgang allgemein darstellen, so ändert sich an der Überlegung nichts, es bleibt lediglich die Bezeichnung der Einheit und damit auch der zugehörigen Maßzahl offen. Die so definierten Einheiten und Maßzahlen heißen jetzt allgemeine Einheiten und allgemeine Maßzahlen. Die allgemeine Darstellung des Meßvorganges ist jetzt durch den Quotienten

$$\frac{G}{(G)} = \{G\} \tag{2}$$

gegeben, der nichts anderes aussagt wie (1), nur daß die spezielle Einheit nicht genannt erscheint.

Schreibt man (2) in der Form

$$G = \{G\}\,(G), \tag{3}$$

so zeigt die ganze Ableitung, daß rechts vom Gleichheitszeichen ein echtes Produkt steht, indem ja nichts anderes angegeben wird, als daß die Größe (G) {G}mal genommen werden soll. Im übrigen läßt sich dies aber auch streng auf gruppentheoretischem Wege ableiten, wie unter anderem LANDOLT [1] gezeigt hat. Da damit {G} und (G) als Faktoren gleichwertig erscheinen, haben auch Produkte von Einheiten verschiedener Art, wie (G) (H), und damit auch von den Größen selbst, also GH, einen physikalischen Sinn. Natürlich kann man einen Ausdruck wie

$$\frac{A}{t} = P \qquad \text{oder} \qquad \frac{J}{s} = W$$

nicht so interpretieren, daß man eine Arbeit durch die Zeit, oder Joule durch Sekunden dividiert, wie man etwa 12 durch 4 dividiert, also

nachsieht, „wie oft die Zeit in der Arbeit enthalten ist". In dieser Form
ist die Division erst als Umkehrung zur Multiplikation beschrieben
worden, die ja letztlich nur eine fortgesetzte Addition gleichbleibender
Summanden ist. Auf was es hier bei der Verwendung von Größen in den
Gleichungen ankommt, erkennt man, wenn man diese nach (3) durch
das Produkt aus Maßzahl und Einheit ersetzt. Es ist dann

$$\frac{\{A\}\,(A)}{\{t\}\,(t)} = \{P\}\,(P)$$

und daraus

$$\frac{\{A\}}{\{t\}\,\{P\}} = \frac{(t)\,(P)}{(A)} = \zeta,$$

wobei ζ irgend eine reine Zahl ist. Nimmt man vorläufig an, daß $\zeta = 1$
ist (es wird darauf später noch einzugehen sein), so ergeben sich zwei
Beziehungen

$$\frac{\{A\}}{\{t\}} = \{P\} \qquad \text{und} \qquad \frac{(A)}{(t)} = (P)$$

beziehungsweise

$$\{A\} = \{P\}\,\{t\} \qquad \text{und} \qquad (A) = (P)\,(t).$$

Die linken Gleichungen betreffen jetzt n u r die Maßzahlen der Größen,
die rechten n u r deren Einheiten. Aus der zweiten Zeile ersieht man, daß
die Maßzahl der Arbeit erhalten wird, indem man die Maßzahl der „auf
die Zeiteinheit bezogenen" Arbeit, der „Leistung", mit $\{t\}$ multipliziert,
sie also $\{t\}$mal addiert. Die rechten Seiten geben dagegen an, daß,
wenn P als neue Größe aufgefaßt wird, diese mit einer Einheit $(A)/(t)$
gemessen werden muß. Im speziellen Fall $(A) = J$ und $(t) = s$ ist diese
Einheit $(A)/(t) = J/s$, die nicht weiter vereinfacht werden kann, weil
die Division nicht im Sinne einer Zahlendivision durchgeführt werden
kann. Wohl aber k a n n man für diese Einheit einen neuen Namen er-
finden, was sich als zweckmäßig erweist, wenn sie häufig gebraucht
wird. In unserem speziellen Fall ist das bekanntlich das Watt, so daß die
Definition $J/s = W$, oder allgemein $(A)/(t) = (P)$ besteht.

Allgemein kann also gesagt werden, daß Produkte und Quotienten
aus Größen oder Einheiten (denn diese sind ja auch Größen, die nur bevorzugt zur Messung verwendet werden) neuartige Größen oder Einheiten ergeben, die durch das Produkt, beziehungsweise den Quotienten,
definiert werden.

§ 23 Größen- und Maßzahlgleichungen

Im vorigen Kapitel sind bereits Gleichungen mit Größen aufge-
schrieben worden. Es soll diese Schreibweise noch näher untersucht
werden. Ausgangspunkt ist die Definition der Größe nach (22/3), wonach eine solche i m m e r als Produkt aus Maßzahl und Einheit anzugeben ist, wenn mit ihr numerische Rechnungen ausgeführt werden
sollen:

$$\text{Größe} = \text{Maßzahl} \times \text{Einheit.}$$

Enthält nun eine Gleichung nur Formelzeichen, die Größen sind, beschreibt sie also eine Beziehung lediglich zwischen Größen, so nennt man sie eine Größengleichung. Eine solche Gleichung bleibt weiterhin eine Größengleichung, wenn auch einzelne oder alle der in ihr enthaltenen Größen durch das Produkt aus Maßzahl und Einheit ersetzt wurden. Bleiben die Faktoren dabei in der allgemeinen Form, oder stehen nur die Größensymbole, so heißt die Gleichung eine allgemeine Größengleichung, werden hingegen spezielle Einheiten und damit auch Maßzahlen verwendet, dann wird die Gleichung zur speziellen Größengleichung.

Gleichungen, die Naturgesetze darstellen, Definitionen für willkürlich eingeführte Begriffe und jede Art der Darstellung allgemeiner Zusammenhänge werden vorzugsweise in Form allgemeiner Größengleichungen angeschrieben. Erstens enthalten sie dann mit den allgemeinen Einheiten die physikalischen Wesensarten der beteiligten Größen, die allein zur Beschreibung physikalischer Abhängigkeiten befähigt sein können, und zweitens ist die Form der Gleichungen unabhängig von gewählten speziellen Einheiten. Nur das kann als befriedigende Darstellung gelten, da es doch unannehmbar ist, wenn ein und dasselbe Naturgesetz in immer wieder anderer Form erscheint, wenn man die Einheiten wechselt, mit denen man messen will. Es wäre unverständlich, wenn das doch unveränderliche Gesetz nicht auch durch eine unveränderliche Beziehung dargestellt werden könnte.

Nun kann man aber, wie im § 22 dargetan wurde, nach Ersatz der Größen durch ihr Produkt Maßzahl mal Einheit die vorliegenden Größengleichungen spalten in eine Beziehung zwischen den Maßzahlen und eine zwischen den Einheiten. Diese Spaltung ist mit der frei wählbaren Verhältniszahl ζ in unendlich vielen Variationen möglich. Die beiden Teilgleichungen können also im allgemeinen unendlich viele, verschiedene Formen annehmen.

Die erste der beiden Gleichungen, die aus einer vorgelegten Größengleichung nach obigem Rezept abgespalten werden kann, stellt eine Beziehung lediglich zwischen Maßzahlen dar. Man nennt solche Gleichungen demgemäß Maßzahlgleichungen. Der Unterschied gegenüber den Größengleichungen ist wesentlich. Während die Größengleichung sowohl die physikalisch wesentliche, durch die Größenart bedingte Beziehung zwischen den physikalischen Größen beschreibt als auch die Abhängigkeit ihrer Ausdehnungen angibt, tut dies die Maßzahlgleichung nur für ihre zahlenwertmäßigen Ausdehnungen. Damit ergibt sich aber eine klare Abgrenzung für den Verwendungsbereich der beiden Gleichungstypen. Die Größengleichung ist die allgemeinste Form der Gesetzdarstellung, sowohl vom Standpunkt der beschreibenden Physik gesehen als auch von den Bedürfnissen der rechnenden Praxis aus betrachtet. Mit dem Fehlen der Verhältniszahl ζ erhält die Gleichung ihre einfachst mögliche Form und ist unabhängig von der Wahl irgendwelcher Einheiten. Sie enthält also offenbar alle Größen, die zur Beschreibung der darzustellenden Beziehung notwendig sind, aber auch keine mehr. Alle weiteren Formelzeichen oder Zahlenfaktoren würden den physikalischen Sinn der Gleichung nur verschleiern.

Im Gegensatz hiezu nimmt die Maßzahlgleichung mit jeder Wahl von ζ eine andere Form an. Sie erscheint daher nicht geeignet zur Darstellung der physikalischen Zusammenhänge, wohl aber zur zahlenmäßigen Berechnung der Ausdehnungen der zugehörigen Größen. Dazu muß allerdings ζ bekannt sein. Es ergibt sich zwangsläufig aus der aus der Größengleichung abgespalteten zweiten Gleichung. Diese enthält außer ζ nur Einheiten und wird daher Einheitengleichung genannt. Nun sind aber Einheiten frei wählbare Exemplare aus einer Gruppe gleichartiger Größen, die durch sie ja gemessen werden sollen. Ihre freie Wahl für alle Größen der vorliegenden Größengleichung bestimmt die Form der zugehörigen Einheitengleichung, damit ζ, und damit auch die Form der Maßzahlgleichung.

Maßzahlgleichungen eignen sich also vorzüglich für numerische Rechnungen, wenn die Einheiten aller vorkommenden Größen bekannt sind oder angegeben werden. Durch die freigestellte Wahl der Einheiten kann die numerische Rechnung den jeweiligen Meßbedürfnissen und den vorliegenden Ausdehnungsbereichen der Größen leicht angepaßt werden. Auf keinen Fall dürfen aber die Maßzahlsymbole einer Maßzahlgleichung nachträglich auf Größen umgedeutet und dann aus der Gleichung auf Beziehungen zwischen den physikalischen Wesensarten dieser Größen geschlossen werden. Leider geschieht dies heute noch immer häufig und gibt dann zu den unliebsamsten Verirrungen oder zumindest Mißverständnissen Veranlassung.

Zum Begriff der Einheitengleichung sei nochmals daran erinnert, daß Einheiten spezielle Größen (mit der Maßzahl 1) sind. Einheitengleichungen sind also spezielle Größengleichungen mit den Maßzahlen 1. Trotzdem eignen sie sich nicht zur Darstellung der wesentlichen (physikalischen) Verknüpfungen, weil sie wegen ihrer grundsätzlich freien Wahl den Faktor ζ enthalten, der mit der physikalischen Beschreibung nichts zu tun hat und diese nur verschleiern kann.

Ein Beispiel möge das Gesagte näher erläutern.

Ein Körper bewege sich geradlinig mit der Geschwindigkeit v. Gesucht ist der Weg s, den der Körper in der Zeit t zurücklegt. Aus der Definition der Geschwindigkeit als des in der Zeiteinheit zurückgelegten Weges, läßt sich sofort anschreiben

$$s = v\,t. \tag{1}$$

Das ist die für den Vorgang einmalige Größengleichung. Ausführlicher geschrieben lautet sie

$$\{s\}\,(s) = \{v\}\,(v)\,\{t\}\,(t). \tag{1 a}$$

Durch Aufspaltung in eine Maßzahl- und eine Einheitengleichung findet man

$$\{s\} = \zeta\{v\}\,\{t\} \tag{2 a}$$

$$(s) = \frac{1}{\zeta}\,(v)\,(t)\,. \tag{2 b}$$

Die Maßzahlgleichung (2 a) hat jetzt eine von der Größengleichung (1) abweichende Form erhalten, indem noch der Zahlenfaktor ζ erscheint. Dieser ist nun durchaus keine feste Zahl, sondern je nach Wahl der Einheiten in (2 b) verschieden. So kann es sich beispielsweise um einen fahrenden Zug handeln, bei dem man sich aus einem bestimmten Grund um Ortsveränderungen interessiert, die sich in Zeitabschnitten von Sekunden ergeben. Man wird in diesem Falle naheliegend und mit Vorteil die Geschwindigkeit in km/h und die Zeit in s angeben, während man die Wege vorteilhaft in m mißt. Es ist also

$$(s) = m$$
$$(v) = km/h$$
$$(t) = s$$

und damit

$$m = \frac{1}{\zeta} \frac{kms}{h} = \frac{1}{\zeta} \frac{1000\,ms}{3600\,s} = \frac{1}{\zeta} \frac{1}{3,6}\,m; \qquad \zeta = \frac{1}{3,6} = 0,2\dot{7}.$$

Die Maßzahlgleichung lautet also in diesem Fall

$$\{s\} = 0,2\dot{7}\,\{v\}\,\{t\}. \tag{3 a}$$

Dieselbe Untersuchung sei nun unter Zugrundelegung englischer Angaben durchgeführt, wo die Geschwindigkeit in Meilen/Stunde angegeben werde. Es ist dann

$$m = \frac{1}{\zeta} \frac{miles}{h} = \frac{1}{\zeta} \frac{1609,3\,ms}{3600\,s} = \frac{1}{\zeta}\,0,447\,m; \qquad \zeta = 0,447$$

und

$$\{s\} = 0,447\,\{v\}\,\{t\}. \tag{3 b}$$

Alle drei Gln. (1), (3 a) und (3 b) sollen dieselbe Tatsache beschreiben und tun dies in nur unzureichendem Maße in der Form (3 a) und (3 b), wenn die Buchstabensymbole dort nicht besonders als Maßzahlen gekennzeichnet werden oder gar als Größen aufgefaßt werden. Es ist andererseits für einen bestimmten Fall für häufige Rechnungen sehr zeitsparend, wenn entsprechende Maßzahlgleichungen verwendet werden können, weil dann Einheitenumrechnungen vermieden werden. So ist zum Beispiel für

$$v = 90\,km/h$$
$$t = 3\,s$$

nach (3 a)

$$\{s\} = 0,2\dot{7} \cdot 90 \cdot 3 = 75; \qquad s = 75\,m,$$

während nach (1)

$$s = 90\,\frac{km}{h}\,3\,s = 270\,\frac{kms}{h}$$

erst eine Umrechnung der Einheiten gleicher Art auf dieselbe Ausdehnung vorgenommen werden muß, damit sie sich wegheben. Es ist also noch auszurechnen

$$1\,\frac{\mathrm{km\,s}}{\mathrm{h}} = \frac{1000\,\mathrm{m\,s}}{3600\,\mathrm{s}} = \frac{1}{3,6}\,\mathrm{m}$$

und damit

$$s = \frac{270}{3,6}\,\mathrm{m} = 75\,\mathrm{m}.$$

Es ist also nichts gegen die Verwendung von Maßzahlgleichungen einzuwenden, wenn diese nicht zur Darstellung einer physikalischen Beziehung, sondern nur zum Zwecke häufiger zahlenmäßiger Ausrechnungen dienen und als solche ausdrücklich mit Nennung der zugehörigen Einheiten gekennzeichnet werden.

Nicht immer liegt der Fall so einfach wie im angeführten Beispiel. Häufig enthalten nämlich die Gleichungen auch Zahlenfaktoren, die nicht von einer bestimmten Einheitenwahl herrühren, sondern aus einer Integration oder geometrischen Zugehörigkeit stammen. So errechnet sich etwa die Umfangsgeschwindigkeit einer mit der Drehzahl n rotierenden Scheibe vom Durchmesser D aus

$$v = \pi D n. \tag{4}$$

$s = \pi D$ ist der Weg bei einer Umdrehung; $v = s/T = \pi D n$ also dieser Weg bezogen auf die Umdrehungsdauer, oder die Geschwindigkeit. Die Gleichung enthält jetzt den physikalisch oder geometrisch bedingten Zahlenfaktor π. Setzt man wieder

$$\{v\}\,(v) = \pi\,\{D\}\,(D)\,\{n\}\,(n)$$

und trennt man nach Zahlenwerten und Einheiten, so wird

$$\{v\} = \zeta\,\pi\,\{D\}\,\{n\} \tag{5 a}$$

und

$$(v) = \frac{1}{\zeta}\,(D)\,(n). \tag{5 b}$$

π muß natürlich in die Maßzahlgleichung übernommen werden, da in der Einheitengleichung bei drei wählbaren Einheiten nur ein einziger Zahlenfaktor, nämlich die Maßzahl der als Größe dargestellten Einheit auftreten kann, der aber definitionsgemäß ζ ist.

Für die speziellen Einheiten

$$(v)\ = \mathrm{m\,s^{-1}}$$
$$(D) = \mathrm{mm}$$
$$(n)\ = \mathrm{min^{-1}}$$

wird

$$\mathrm{m\,s^{-1}} = \frac{1}{\zeta}\,\mathrm{mm\,min^{-1}} = \frac{1}{\zeta}\,\frac{\mathrm{m\,s^{-1}}}{1000\cdot 60} = \frac{1}{\zeta}\,\frac{\mathrm{m\,s^{-1}}}{60\,000}\,; \quad \zeta = \frac{1}{60\,000} \tag{6}$$

und damit

$$\{v\} = \frac{\pi}{60\,000}\,\{D\}\,\{n\} = \frac{1}{19\,100}\,\{D\}\,\{n\}\,. \tag{6 a}$$

Der Zahlenfaktor 1/19 100 läßt jetzt nicht einmal den grundsätzlich wichtigen Einfluß von π erkennen.

Noch krasser wird dies beim Vorhandensein einer Naturkonstanten. So gilt beispielsweise beim freien Fall für den Weg die Gleichung

$$s = \frac{g}{2}\,t^2\,. \tag{7}$$

Setzt man darin die Erdbeschleunigung konstant

$$g = 9{,}81\ \mathrm{m\,s^{-2}},$$

so wird in schon wiederholt angewandter Weise

$$\{s\} = \zeta\,\tfrac{1}{2}\,\{g\}\,\{t\}^2 = \zeta\,4{,}905\,\{t\}^2 \tag{8 a}$$

$$(s) = \frac{1}{\zeta}\,(g)\,(t)^2 \tag{8 b}$$

und mit den speziellen Einheiten

$$(s) = \mathrm{m}$$
$$(t) = \mathrm{s}$$
$$\mathrm{m} = \frac{1}{\zeta}\,\frac{\mathrm{m\,s^2}}{\mathrm{s^2}} = \frac{1}{\zeta}\,\mathrm{m}\,; \qquad \zeta = 1$$
$$\{s\} = 4{,}905\,\{t\}^2\,. \tag{9 a}$$

Bei der Wahl von

$$(s) = \mathrm{km}$$
$$(t) = \mathrm{min}$$

hätte sich ergeben

$$\mathrm{km} = \frac{1}{\zeta}\,\frac{\mathrm{m\,min^2}}{\mathrm{s^2}} = \frac{1}{\zeta}\,\frac{3600\ \mathrm{km\,s^2}}{1000\ \mathrm{s^2}} = \frac{1}{\zeta}\,3{,}6\ \mathrm{km}\,; \qquad \zeta = 3{,}6$$

und

$$\{s\} = 3{,}6 \cdot 4{,}905\,\{t\}^2 = 17{,}658\,\{t\}^2\,. \tag{9 b}$$

Nicht nur, daß jetzt beide Maßzahlgleichungen völlig unverständliche Zahlenfaktoren aufweisen, so verleiten sie noch — wenn ihr Charakter als Maßzahlgleichung vergessen wird — zu dem Trugschluß, daß ein Weg einem Zeitquadrat wesensgleich ist. Daß solche Dinge nicht aus der Luft gegriffen sind, möge das folgende Beispiel aus der Elektrizitätslehre zeigen.

Für das Vakuum läßt sich zwischen der magnetischen Erregung $\mathfrak{H}$ und der magnetischen Feldstärke $\mathfrak{B}$ die Größengleichung

$$\mathfrak{B} = \mu_0\,\mathfrak{H} \tag{10}$$

angeben, in der μ_0 eine Naturkonstante, nämlich die Induktionskonstante

$$\mu_0 = 4\pi\, 10^{-7}\, \frac{\mathrm{Vs}}{\mathrm{Am}}$$

darstellt. Wird nun die Feldstärke in der Einheit Gauß, die Erregung in der Einheit Oersted gemessen, wobei

$$1 \text{ Gauß} = 10^{-4}\, \frac{\mathrm{Vs}}{\mathrm{m}^2} \quad \text{und} \quad 1 \text{ Oersted} = \frac{10^3}{4\,\pi}\, \frac{\mathrm{A}}{\mathrm{m}}$$

ist, so ergibt sich

$$\{\mathfrak{B}\} = \zeta\, \{\mu_0\}\, \{\mathfrak{H}\}, \tag{11 a}$$

$$(\mathfrak{B}) = \frac{1}{\zeta}\, (\mu_0)\, (\mathfrak{H}) \tag{11 b}$$

und mit

$$G = \frac{1}{\zeta}\, \frac{\mathrm{Vs\, Ö}}{\mathrm{Am}} = \frac{1}{\zeta}\, \frac{10^4 \cdot 10^3\, \mathrm{Gm\ddot{O}}}{4\pi\, \mathrm{m\ddot{O}}} = \frac{1}{\zeta}\, \frac{10^7}{4\,\pi}\, G; \quad \zeta = \frac{1}{4\pi}\, 10^7$$

$$\{\mathfrak{B}\} = \frac{1}{4\pi}\, 10^7\ 4\pi\, 10^{-7}\, \{\mathfrak{H}\},$$

oder

$$\{\mathfrak{B}\} = \{\mathfrak{H}\}. \tag{12}$$

Damit erscheint eine Beziehung, die bei Nichtbeachtung ihres Charakters als Maßzahlgleichung die Identität der physikalisch verschiedenen Größen $\mathfrak{B}$ und $\mathfrak{H}$ zu beweisen scheint, eine Auffassung, die eine Flut von Diskussionen hervorgerufen hat und heute noch in den Vorstellungen vieler Fachgenossen herumspukt.

Stellt man das bisher Erarbeitete nochmals allgemein zusammen, so kann man dies etwa wie folgt darstellen.

Im allgemeinen liege eine Beziehung zwischen einer Größe G und n übrigen Größen $A, B, C \ldots$ vor, die, wie noch abzuleiten sein wird, sich stets als Potenzprodukt darstellt. Die Größengleichung hat somit die allgemeine Form

$$G = k\, A^\alpha\, B^\beta\, C^\gamma \ldots, \tag{13}$$

wobei k noch einen physikalisch oder geometrisch bedingten Zahlenfaktor bedeutet, der etwa einer Integration entstammt. Setzt man für die Größen die Produkte aus Maßzahl und Zahlenwert ein, so wird

$$\{G\}\, (G) = k\{A\}^\alpha\, (A)^\alpha\, \{B\}^\beta\, (B)^\beta\, \{C\}^\gamma\, (C)^\gamma \ldots \tag{13 a}$$

Jede solche Gleichung kann nun gespalten werden in eine Maßzahlgleichung

$$\{G\} = \zeta\, k\, \{A\}^\alpha\, \{B\}^\beta\, \{C\}^\gamma \ldots = z\, \{A\}^\alpha\, \{B\}^\beta\, \{C\}^\gamma \ldots, \tag{14 a}$$

und eine Einheitengleichung

$$(G) = \frac{1}{\zeta}\, (A)^\alpha\, (B)^\beta\, (C)^\gamma \ldots \tag{14 b}$$

Sämtliche Einheiten der Einheitengleichung können frei gewählt werden. Aus ihrer Wahl ergibt sich nach (14 b) der „Einheitenkoeffizient" ζ und mit ihm die Form der Maßzahlgleichung (14 a) für die gewählten Einheiten. Zusammen mit dem Integrationsfaktor k liefert der Einheitenkoeffizient den für die jeweils angeschriebene Maßzahlgleichung charakteristischen „Maßzahlfaktor"

$$z = \zeta\, k. \tag{15}$$

Man kann jetzt auch umgekehrt nach der Größengleichung fragen, wenn eine Maßzahlgleichung, zum Beispiel auf Grund eines Experimentes, vorliegt. Natürlich hat eine solche Frage nur einen Sinn, wenn die bei den Messungen verwendeten Einheiten bekannt sind.

Um zu einem allgemein anwendbaren Verfahren zu kommen, sei zunächst von den Gln. (13) bis (14 b) ausgegangen. Man erhält dann durch Division von (13) durch (14 b)

$$\frac{G}{(G)} = \zeta\, k \left(\frac{A}{(A)}\right)^{\alpha} \left(\frac{B}{(B)}\right)^{\beta} \left(\frac{C}{(C)}\right)^{\gamma} \ldots, \tag{16}$$

worin jede Größe durch den Quotienten aus Größe und spezieller Einheit ersetzt ist. Das sind aber die Maßzahlen der Größen und es muß daher (16) mit (14 a) identisch sein. Liegt also eine Maßzahlgleichung vor und sämtliche zugehörigen Einheiten, so ist zunächst ζ noch unbekannt. Läßt man also vorerst die Gl. (14 a) unverändert und ersetzt man in ihr bloß die Maßzahlen durch die Quotienten aus Größe und der der Maßzahl zugeordneten Einheit, also

$$\frac{G}{(G)} = z \left(\frac{A}{(A)}\right)^{\alpha} \left(\frac{B}{(B)}\right)^{\beta} \left(\frac{C}{(C)}\right)^{\gamma} \ldots, \tag{17}$$

so kommt man daraus zur Größengleichung (13), indem man die Einheiten fortläßt und den Maßzahlfaktor z durch Division durch den Einheitenkoeffizient ζ auf den Integrationsfaktor k — falls ein solcher überhaupt vorhanden ist — berichtigt. Diese Berichtigung geht automatisch vor sich, wenn man die Einheiten nachträglich auf je zwei gleiche umrechnet, worauf sie gekürzt werden können, so daß damit auch der ersten Vorschrift Genüge geleistet wird. Gleichungen von der Form (17) werden nach WALLOT „zugeschnittene Größengleichungen" genannt. Diese liefern also unmittelbar die Größengleichung, wenn man in ihnen die Einheiten so umrechnet, daß sie sich fortkürzen. Zwei Beispiele sollen dies nochmals im einzelnen zeigen:

1. Vorgegeben sei die Maßzahlgleichung

$$\{s\} = 1{,}8\,\{g\}\,\{t\}^{2}$$

mit den vereinbarten, zugehörigen Einheiten

$$(s) = \mathrm{km}$$
$$(g) = \mathrm{m\,s^{-2}}$$
$$(t) = \min.$$

Nach Ersatz der Maßzahlen durch die Quotienten aus Größe und Einheit wird

$$\frac{s}{\mathrm{km}} = 1{,}8\,\frac{g}{\mathrm{m\,s^{-2}}}\left(\frac{t}{\mathrm{min}}\right)^2,$$

oder mit den Umrechnungen

$$1\,\mathrm{km} = 10^3\,\mathrm{m}, \qquad 1\,\mathrm{min} = 60\,\mathrm{s}$$

$$\frac{s}{10^3\,\mathrm{m}} = 1{,}8\,\frac{g}{\mathrm{m\,s^{-2}}}\left(\frac{t}{60\,\mathrm{s}}\right)^2.$$

Kürzt man darin m und s² und bringt man alle Zahlenfaktoren auf die rechte Seite, so erhält man die gesuchte Größengleichung

$$s = \frac{1{,}8 \cdot 10^3}{3600}\,g\,t^2 = \frac{g}{2}\,t^2.$$

2. Im Beispiel

$$\{R\} = 10^3\,\{\varrho\}\,\frac{\{l\}}{\{A\}}$$

mit

$$(R) = \Omega \qquad (l) = \mathrm{km}$$

$$(\varrho) = \frac{\Omega\,\mathrm{mm}^2}{\mathrm{m}} \qquad (A) = \mathrm{mm}^2$$

ist nur die eine Umrechnung

$$\frac{R}{\Omega} = 10^3\,\frac{\varrho\,\mathrm{m}}{\Omega\,\mathrm{mm}^2}\,\frac{l\,\mathrm{mm}^2}{\mathrm{km}\,A} = 10^3\,\frac{\varrho\,10^{-3}\,\mathrm{km}}{\Omega\,\mathrm{mm}^2}\,\frac{l\,\mathrm{mm}^2}{\mathrm{km}\,A}$$

notwendig, worauf durch Kürzen

$$R = \varrho\,\frac{l}{A}\,.$$

Wurde in der Maßzahlgleichung eine Größe unterdrückt, dann fehlt in (14 a) die entsprechende Maßzahl, z. B. $\{A\}$, weil sie mit z zu $\overline{z} = z\,\{A\}^\alpha$ zusammengezogen wurde. In der Einheitengleichung (14 b) ist aber $(A)^\alpha$ notgedrungen vorhanden, weil sonst diese Gleichung gar nicht aufgestellt werden könnte. Geht man also nach dem gleichen Rezept vor wie vorhin, dann wird bei der Aufstellung der zugeschnittenen Gleichung wegen des Fehlens von $\{A\}^\alpha$ das $(A)^\alpha$ nicht angeschrieben. Es läßt sich dann die geforderte Kürzung der Einheiten nicht oder nur teilweise durchführen. Die verbleibenden Einheiten können aber, gegebenenfalls noch mit einem Zahlenfaktor verbunden, zu einer oder mehreren speziellen Größen zusammengefaßt werden. Bei Auswahl dieser Größen bleibt es dem Scharfblick des Ausführenden vorbehalten, die Wahl dem Problem entsprechend anzupassen. Es wird sich dabei immer um eine Naturkonstante oder eine Größe handeln, die bei der durch die vorgegebene Gleichung beschriebenen Aufgabe konstant bleibt. Zwei Beispiele sollen das Verfahren klar herausstellen.

1. Gegeben sei die Maßzahlgleichung
$$\{s\} = 17{,}658\,\{t\}^2$$
für den freien Fall, mit
$$(s) = \text{km} \qquad (t) = \text{min}.$$
Man findet nach obigem Rezept zunächst
$$\frac{s}{\text{km}} = 17{,}658 \left(\frac{t}{\text{min}}\right)^2 .$$
Da keine Kürzung von Einheiten möglich ist, setzt man den Wert
$$17{,}658\,\frac{\text{km}}{\text{min}^2}$$
zu einer neuen Größe zusammen. Man vermutet, daß in der Aufgabe die Erdbeschleunigung eine Rolle spielt und rechnet daher zunächst auf m/s² um. Es ist
$$17{,}658\,\frac{\text{km}}{\text{min}^2} = \frac{17{,}658}{3600}\,10^3\,\frac{\text{m}}{\text{s}^2} = 4{,}905\,\frac{\text{m}}{\text{s}^2} .$$
Das ist aber tatsächlich die halbe Erdbeschleunigung, so daß die gesuchte Größengleichung lautet
$$s = 17{,}658\,\frac{\text{km}}{\text{min}^2}\,t^2 = 4{,}905\,\frac{\text{m}}{\text{s}^2}\,t^2$$
oder
$$s = \frac{g}{2}\,t^2 .$$

2. Im Vakuum ist mit
$$(\mathfrak{B}) = \text{G} \qquad (\mathfrak{H}) = \text{Ö}$$
$$\{\mathfrak{B}\} = \{\mathfrak{H}\},$$
und somit
$$\frac{\mathfrak{B}}{\text{G}} = \frac{\mathfrak{H}}{\text{Ö}} .$$
Da
$$1\,\text{G} = 10^{-4}\,\frac{\text{V s}}{\text{m}^2}, \qquad 1\,\text{Ö} = \frac{1}{4\pi}\,10^3\,\frac{\text{A}}{\text{m}},$$
wird
$$\mathfrak{B} = 4\pi\,10^{-7}\,\frac{\text{V s}}{\text{A m}}\,\mathfrak{H}.$$
Die Größe
$$4\pi\,10^{-7}\,\frac{\text{V s}}{\text{A m}} = \mu_0$$
ist aber bekanntlich die Induktionskonstante, so daß die Größengleichung die Form
$$\mathfrak{B} = \mu_0\,\mathfrak{H}$$
bekommt.

§ 24 Definitionen und Proportionalitäten

Die Zusammenfassung mehrerer physikalischer Größen in einer Gleichung kann von zwei wesentlich voneinander verschiedenen Gesichtspunkten aus erfolgen, deren Beachtung für das ganze Maßsystemproblem von grundlegender Bedeutung ist. Der einfachere Fall der Gleichungsbildung ist eine Substitution zur Vereinfachung der Schreib- und Ausdrucksweise. Es wird hier an Stelle eines immer wieder vorkommenden Produktes (oder Quotienten) zweier oder mehrerer Größen ein neues Buchstabensymbol gesetzt, durch dieses also eine Größe neu definiert. Diese Definition ist völlig willkürlich und erfolgt lediglich aus Zweckmäßigkeitsgründen. Irgend eine Naturerkenntnis wird also durch sie nicht dargestellt. Auf diese Weise erhaltene Gleichungen sollen Definitionsgleichungen oder kurz Definitionen genannt werden.

In einer Definitionsgleichung sind demnach alle Größen bis auf eine bekannt und diese eine durch eine beliebige Funktion aus den anderen definiert. Da diese Funktion grundsätzlich frei gewählt werden kann, gibt es also für ein physikalisches Gebiet unendlich viele Möglichkeiten zur Aufstellung von Definitionsgleichungen. Natürlich werden unter diesen nur einige praktische Bedeutung erlangen, nämlich jene, die neudefinierte Größen liefern, die in den Untersuchungen und Rechnungen häufig wiederkehren. Definitionen geben also auch nicht Kunde von neuen, vorher unbekannten physikalischen Größen, sondern liefern lediglich praktische Abkürzungen für die Darstellung und Rechnung. Beispiele für Definitionsgleichungen sind

$$v = \frac{s}{t},$$

$$\mathfrak{E} = \frac{\mathfrak{F}}{Q},$$

$$\mathfrak{H} = \frac{I\,w}{l},$$

usw.,

wo der Quotient aus den bekannten Größen Weg und Zeit als Geschwindigkeit, die auf die Ladungseinheit wirkende Kraft als elektrische Feldstärke, die Amperewindungszahl der Längeneinheit einer Spule als magnetische Erregung usw. neu definiert wurden. Der tiefere Grund für diese Definitionen ist der, daß man in vielen Fällen angenehmer und anschaulicher mit den neu definierten Begriffen arbeitet als mit den allgemeinen Produkten der definierenden Größen.

Ganz anders liegt der Fall beim Versuch, ein gefundenes Naturgesetz formelmäßig anzuschreiben; denn hier ist eine willkürliche Setzung nicht möglich, sondern die mathematische Darstellung nur durch vorhergehendes Befragen der Natur in einem Experiment durchführbar. Dabei liegen aus der Erfahrung zunächst die Größen vor, die offenbar mit der beobachteten Erscheinung verknüpft sind. Ihre funktionelle Abhängigkeit ist aber vorerst unbekannt und es ist ja gerade diese, die erst durch das Experiment festgestellt und in einer mathematischen Gleichung niedergelegt werden soll.

Da die in den Versuch eintretenden Größen bekannt sein müssen, können diese offenbar auch gemessen und damit auch ihre zahlenmäßigen Abhängigkeiten bestimmt werden. Das ist nun aber gar nicht notwendig und für die Aufstellung der Gleichung für die beobachtete Naturerscheinung unwesentlich. Es genügt lediglich ein relativer Ausdehnungsvergleich bei geänderten Versuchsbedingungen. Der Vorgang wird sich also so abspielen, daß bei dem Experiment eine passende Größe ausgesucht und deren relative Ausdehnungsänderung untersucht wird, wenn die anderen Größen der Reihe nach in bestimmtem Maß (meist linear) verändert werden. Man wird dann im allgemeinen feststellen, daß sich die ausgewählte Größe auf das n'fache vergrößert hat, wenn eine der anderen Größen auf das $n$fache gebracht wurde und kann dann sagen, daß die ausgewählte Größe der νten Potenz der geänderten proportional ist. Die gleiche Untersuchung bei Veränderung auch der übrigen Größen ergibt die Art der Proportionalität mit diesen Größen. Das auf diese Weise erhaltene Gesetz stellt sich somit als Proportionalitätsgesetz dar und hat als solches natürlich eine Proportionalitätskonstante. Die darstellende Gleichung ist naturnotwendig eine Größengleichung und wird wegen ihrer Entstehung einfach Proportionalität genannt. Der Proportionalitätsfaktor muß selbstverständlich ebenfalls eine Größe sein, weil ja sonst bei der Aufspaltung in Maßzahl- und Einheitengleichung im allgemeinen keine gültige Einheitengleichung erhalten werden würde. Außerdem kann die Herleitung niemals Gleichheiten liefern, sondern nur die Verhältnisgleichheit zwischen den einzelnen Größen.

Natürlich kann man das Experiment auch mit Messungen verbinden und den zahlenmäßigen Zusammenhang der Größen bestimmen. Das Ergebnis wäre dann aber eine Maßzahlgleichung mit den in § 23 beschriebenen Unzulänglichkeiten, die hier besonders schwer wiegen, weil ja gerade jetzt der physikalische Zusammenhang zunächst viel wichtiger ist als der zahlenwertmäßige. Dieser Zusammenhang wird aber charakterisiert durch den Proportionalitätsfaktor und das erste Interesse bei der Interpretation des erhaltenen Naturgesetzes — denn Proportionalitäten sind immer Naturgesetze — gehört der Aufklärung des physikalischen Wesens dieser Konstanten. Sie ist die der Natur durch das Experiment abgelauschte und das gefundene Gesetz kennzeichnende Naturkonstante. Würde es sich erweisen, daß sie keine Größe, sondern nur ein Zahlenfaktor ist, dann müßte geschlossen werden, daß gar kein Naturgesetz vorliegt, sondern nur eine irgendwie verschleierte Definition.

Ist das Naturgesetz als Proportionalität einmal angeschrieben, dann wird man sich natürlich auch um die zahlenmäßige Verknüpfung kümmern müssen. Dies muß sich jetzt so abspielen, daß alle Größen bis auf den Proportionalitätsfaktor mit den Werten gemessen werden, mit denen sie in das Experiment eingehen. Aus diesen Messungen ergibt sich dann der Zahlenwert der Naturkonstanten, ausgedrückt in den Einheiten aller übrigen Größen.

Als Beispiel sei etwa das Gravitationsgesetz angeführt, das also als zunächst noch unbekannt angenommen werde. Der primitive Physiker kenne aber bereits die Größen Länge, Kraft und Masse. Im Zuge seiner Experimente habe er die Erfahrung gemacht, daß sich schwere Körper anziehen. Er geht nun daran, das Gesetz dieser Erscheinung zu untersuchen und findet an Hand der angestellten systematischen Versuche, daß die Kraft der Anziehung proportional zu den Massen und verkehrt proportional dem Quadrat ihrer Entfernung ist. Er braucht dabei keine richtige Messung zu machen, sondern nur festzustellen, daß die Kraft 2, 3, ... mal so groß wird, wenn eine der Massen 2, 3, ...mal so groß, oder die Entfernung der gleichbelassenen Massen 4, 9, ...mal so klein gewählt wird. Damit kann er bereits das bis dorthin unbekannte Naturgesetz

$$F = \Gamma \frac{m_1 m_2}{r^2}$$

anschreiben, in dem er die noch unbekannte Naturkonstante Γ als neue Größe einsetzen mußte. Jetzt erst kann er sich um die physikalische Deutung dieser Größe kümmern und durch genaue Messungen deren Wert ermitteln.

Zusammenfassend sei nochmals festgestellt:

1. Definitionen liefern keine neuen physikalischen Erkenntnisse. Definitionsgleichungen enthalten niemals Proportionalitätsfaktoren.

2. Proportionalitäten sind der mathematische Niederschlag von Erfahrungsgesetzen. Sie beschreiben Naturgesetze und enthalten mit dem Proportionalitätsfaktor stets eine Naturkonstante.

§ 25 Formen der physikalischen Gleichungen

Während bei der Aufstellung einer Definitionsgleichung wegen der erlaubten Willkür alles klar ist, soll die Form der als Proportionalitäten auftretenden Naturgesetze doch noch näher untersucht werden. Zwar zeigt auch hier die Ableitung im § 24 unmittelbar, daß es sich dabei nur um Potenzprodukte handeln könne, denn nur über eine empirische Proportionalitätsuntersuchung konnte das Gesetz ja überhaupt erst angeschrieben werden, wie ausführlich erläutert wurde. Da es dabei sofort in Form einer Größengleichung erscheint, besteht keine Unklarheit mehr; es muß lediglich der Wert der Proportionalitätskonstanten durch genaue Messungen festgestellt werden. Wenn dennoch ein Versuch unternommen sei, die Form der Gesetze mathematisch nachzuweisen, so geschehe dies nur deshalb, weil dieser Versuch vielfach im Schrifttum gemacht wurde [2, 3] und damit der Zusammenhang und Anknüpfungspunkt mit diesem Schrifttum gewahrt bleibt. Ausgegangen wird dabei von der ausführlichen Messung der in das Experiment eintretenden Größen. Bei diesem Vorgehen erscheint der

Zusammenhang natürlich nicht als Größen-, sondern als Maßzahlgleichung[1].

Gesucht sei die Abhängigkeit einer Größe G von den n Größen g. Wird die Untersuchung so durchgeführt, daß den Größen g der Reihe nach bestimmte, in den Einheiten (g) gemessene Werte gegeben werden und dann der Wert der Größe G in der Einheit (G) gemessen wird, so liefern diese Messungen die Maßzahlgleichung

$$\{G\} = f[\{g_1\}, \{g_2\}, \ldots \{g_n\}]. \tag{1}$$

Aus den vielen Werten von $\{G\}$ seien nur zwei beliebige herausgegriffen

$$\left.\begin{array}{l} \{G_i\} = f[\{g_{1i}\}, \{g_{2i}\}, \ldots \{g_{ni}\}] \\ \{G_k\} = f[\{g_{1k}\}, \{g_{2k}\}, \ldots \{g_{nk}\}] \end{array}\right\}. \tag{2}$$

Denkt man sich jetzt g_1 in einer anderen, xmal so großen Einheit gemessen, so daß

$$(g_1)^* = x(g_1)$$

und

$$\{g_1\} = x\{g_1\}^*, \tag{3}$$

so wird

$$\{G_i\} = f[x\{g_{1i}\}^*, \{g_{2i}\}, \ldots \{g_{ni}\}]$$
$$\{G_k\} = f[x\{g_{1k}\}^*, \{g_{2k}\}, \ldots \{g_{nk}\}].$$

Ein Vergleich mit den Ausdrücken (2) liefert

$$\frac{f[\{g_{1i}\}, \{g_{2i}\}, \ldots \{g_{ni}\}]}{f[\{g_{1k}\}, \{g_{2k}\}, \ldots \{g_{nk}\}]} = \frac{f[x\{g_{1i}\}^*, \{g_{2i}\}, \ldots \{g_{ni}\}]}{f[x\{g_{1k}\}^*, \{g_{2k}\}, \ldots \{g_{nk}\}]}$$

oder

$$f[x\{g_{1i}\}^*, \{g_{2i}\}, \ldots \{g_{ni}\}] = \frac{f[\{g_{1i}\}, \{g_{2i}\}, \ldots \{g_{ni}\}]}{f[\{g_{1k}\}, \{g_{2k}\}, \ldots \{g_{nk}\}]}$$
$$\cdot f[x\{g_{1k}\}^*, \{g_{2k}\}, \ldots \{g_{nk}\}]. \tag{4}$$

Wird nun x als veränderlich angenommen und (4) partiell nach x differenziert, so erhält man mit den Abkürzungen

$$\frac{\partial}{\partial(x\{g_{1i}\}^*)} f[x\{g_{1i}\}^*, \{g_{2i}\}, \ldots \{g_{ni}\}] = f_1'[x\{g_{1i}\}^*, \{g_{2i}\}, \ldots \{g_{ni}\}]$$

$$\frac{\partial}{\partial(x\{g_{1k}\}^*)} f[x\{g_{1k}\}^*, \{g_{2k}\}, \ldots \{g_{nk}\}] = f_1'[x\{g_{1k}\}^*, \{g_{2k}\}, \ldots \{g_{nk}\}]$$

und

$$\frac{\partial}{\partial x} f = \frac{\partial f}{\partial(x\{g_1\}^*)} \frac{\partial(x\{g_1\}^*)}{\partial x} = f' \cdot \{g_1\}^* :$$

$$\{g_{1i}\}^* f_1'[x\{g_{1i}\}^*, \{g_{2i}\}, \ldots \{g_{ni}\}] = \frac{f[\{g_{1i}\}, \{g_{2i}\}, \ldots \{g_{ni}\}]}{f[\{g_{1k}\}, \{g_{2k}\}, \ldots \{g_{nk}\}]}$$
$$\cdot \{g_{1k}\}^* f_1'[x\{g_{1k}\}^*, \{g_{2k}\}, \ldots \{g_{nk}\}].$$

---

[1] Die weitere Entwicklung folgt im wesentlichen der Arbeit von FRANKE [2].

Im Sonderfall $x = 1$ wird daraus mit

$$\{g_{1i}\}^* = \{g_{1i}\} \qquad \text{und} \qquad \{g_{1k}\}^* = \{g_{1k}\}$$

$$\{g_{1i}\}\, f_1{}' \left[\{g_{1i}\}, \{g_{2i}\}, \ldots \{g_{ni}\}\right] = \frac{f\left[\{g_{1i}\}, \{g_{2i}\}, \ldots \{g_{ni}\}\right]}{f\left[\{g_{1k}\}, \{g_{2k}\}, \ldots \{g_{nk}\}\right]} \cdot$$

$$\cdot \{g_{1k}\}\, f_1{}' \left[\{g_{1k}\}, \{g_{2k}\}, \ldots \{g_{nk}\}\right]$$

oder

$$\{g_{1i}\} \frac{f_1{}' \left[\{g_{1i}\}, \{g_{2i}\}, \ldots \{g_{ni}\}\right]}{f\left[\{g_{1i}\}, \{g_{2i}\}, \ldots \{g_{ni}\}\right]} = \{g_{1k}\} \frac{f_1{}' \left[\{g_{1k}\}, \{g_{2k}\}, \ldots \{g_{nk}\}\right]}{f\left[\{g_{1k}\}, \{g_{2k}\}, \ldots \{g_{nk}\}\right]} = p_1,$$

worin p_1 eine Konstante darstellt, die eine reine Zahl ist.

Dieses für zwei Maßzahlreihen i und k abgeleitete Ergebnis gilt natürlich für alle wählbaren Meßreihen, so daß allgemein, zusammen mit (1)

$$\frac{\{g_1\}}{f\left[\{g_1\}, \{g_2\}, \ldots \{g_n\}\right]} \frac{\partial}{\partial \{g_1\}} f\left[\{g_1\}, \{g_2\}, \ldots \{g_n\}\right] = \frac{\{g_1\}}{\{G\}} \frac{\partial \{G\}}{\partial \{g_1\}} = p_1$$

oder

$$\frac{\partial \{G\}}{\{G\}} = p_1 \frac{\partial \{g_1\}}{\{g_1\}}.$$

Wird jetzt integriert, so erhält man

$$\ln\{G\} = p_1 \ln \{g_1\} + c_1,$$

worin c_1 eine von g_1 unabhängige, willkürliche Integrationskonstante ist, für die man etwa

$$c_1 = \ln F_1\left[\{g_2\}, \{g_3\}, \ldots \{g_n\}\right]$$

setzen kann. Damit wird aber

$$\{G\} = \{g_1\}^{p_1} F_1\left[\{g_2\}, \ldots \{g_n\}\right]. \tag{5}$$

Man kann nun F_1 in gleicher Weise nach $\{g_2\}$ behandeln und erhält so

$$\{G\} = \{g_1\}^{p_1} \{g_2\}^{p_2} F_2\left[\{g_3\} \ldots \{g_n\}\right].$$

Setzt man das für alle $\{g\}$ weiter fort, so wird schließlich

$$\{G\} = Z \{g_1\}^{p_1} \{g_2\}^{p_2} \ldots \{g_n\}^{p_n} \tag{6}$$

in Übereinstimmung mit (23/14 a). Damit ist also erwiesen, daß die Form der physikalischen Gleichung das Potenzprodukt ist, denn der Zusammenhang der Maßzahlgleichung (6) mit der zu ihr gehörigen Größengleichung ist ja nach § 23 bekannt und ergibt die gleiche Gleichungsform, wenn auch im allgemeinen mit anderem Zahlenfaktor oder auch Größenfaktor, wenn bei der direkten Aufstellung der Maßzahlgleichung aus dem Experiment eine Naturkonstante unterdrückt wurde. War dies tatsächlich der Fall, dann ist die Zahl Z das Produkt aus zwei Faktoren, nämlich der Maßzahl $\{C\}$ dieser Konstanten und einer reinen Zahl, die ohne Bindung an eine Größe erscheint, also

$$Z = \{C\}\, z.$$

Ersetzt man jetzt alle Maßzahlen durch die Quotienten aus Größe und Einheit, so wird

$$\frac{G}{(G)} = z \, \frac{C}{(C)} \, \frac{g_1^{p_1}}{(g_1)^{p_1}} \cdots \frac{g_n^{p_n}}{(g_n)^{p_n}}$$

oder

$$G = z \, C \, g_1^{p_1} \cdots g_n^{p_n} \, \frac{(G)}{(C)\,(g_1)^{p_1} \cdots (g_n)^{p_n}}.$$

Nun besteht aber zwischen den gewählten Einheiten eine Größenbeziehung

$$(C)\,(g_1)^{p_1} \cdots (g_n)^{p_n} = \zeta(G),$$

so daß

$$G = \frac{z}{\zeta} \, C \, g_1^{p_1} \cdots g_n^{p_n} = k \, C \, g_1^{p_1} \cdots g_n^{p_n}. \tag{7}$$

Damit ist also nachgewiesen, daß auch die Größengleichung stets durch Potenzprodukte gegeben erscheint.

Wurde die Naturkonstante C nicht unterdrückt, indem beispielsweise das Ergebnis des Experimentes durch eine Proportionalität angeschrieben wurde, dann ist $Z = z$ und in (7) fällt C fort. Wurde ferner die Einheit von G so gewählt, daß $\zeta = 1$ ist, so ist $z = k$, also der Maßzahlfaktor gleich dem Integrationsfaktor. Maßzahl- und Größengleichung haben dann die gleiche Form. Dieser wichtige Sonderfall wird später noch gesondert zu betrachten sein.

§ 3 Die Grundlagen der Maßsystembildungen

§ 31 Einige weitere Hilfsbegriffe

§ 311 Dimensionen und Dimensionsgleichungen

Der Angelpunkt bei der kritischen Betrachtung über die Möglichkeit, physikalische Erscheinungen und Beziehungen einwandfrei in Form mathematischer Gleichungen darzustellen, war der Größenbegriff. Die Größe sollte dabei mit Hilfe eines Buchstabensymboles sowohl den wesentlich physikalischen Inhalt der vorliegenden Erscheinung erfassen als auch eine Aussage über die „Ausdehnung" des zu beschreibenden Objektes machen. Zu diesem Zwecke mußte das Größensymbol aus zwei Faktoren zusammengesetzt werden, von denen der eine im wesentlichen die Beschreibung der Wesensart (Qualität), der andere die Angabe der Ausdehnung zu übernehmen hatte. Diese beiden Faktoren sind die Maßzahl und die Einheit der Größe, so daß geschrieben werden konnte

$$\text{Größe} = \text{Maßzahl} \times \text{Einheit},$$

oder in Buchstaben

$$G = \{G\}\,(G). \tag{1}$$

Die Bezeichnungen {G} und (G) sind zwar allgemeine Zeichen für die
Maßzahl und die Einheit einer Größe, ihre Allgemeinheit bezieht sich
aber nur auf die Anschreibung der grundsätzlichen Zusammensetzung
nach (1). Tatsächlich sollen mit (G) und {G} stets eine spezielle Einheit
und ihre zugehörige Maßzahl gemeint sein, die nur nicht namentlich
angeführt wurden. Die Gl. (1) soll ja auch aussagen, daß jede speziell
vorliegende Größe das Produkt aus der gewählten speziellen Einheit
und der zugehörigen Maßzahl ist. Das gilt im gleichen Umfang für jede
Größengleichung, in der dann die Größen eigentlich spezielle Größen
sind, wobei aber die speziellen Einheiten und Maßzahlen nicht gesondert genannt wurden. Die Allgemeinheit der allgemeinen Größengleichung soll also nur besagen, daß sie für jeden speziellen Fall in gleicher
Weise gilt und es daher für die Darstellung der grundsätzlichen Abhängigkeiten uninteressant ist, die speziellen Werte anzuführen. Bei
jeder Auswertung einer allgemeinen Größengleichung geht diese aber
sofort in eine spezielle über. Im übrigen weist ja auch die Maßzahl immer
wieder auf das Spezielle auch in der allgemeinen Größengleichung hin.

In der physikalischen Darstellung von gesetzlichen Abhängigkeiten
oder auch bei den Definitionen besteht oft der Wunsch, diese Aus-
dehnungsbeziehungen ganz zu vermeiden und in möglichst prägnanter
und einfacher Weise nur die Wesensbeziehungen zwischen den in einer
physikalischen Abhängigkeit stehenden Größen zu beschreiben. Man
könnte hiezu zunächst die Einheiten verwenden, die ja selbst als Größen
die Wesensart ihrer Gruppe gleichartiger Größen enthalten und die
Maßzahl 1 haben. Das ist aber ein Trugschluß, denn die Einheiten haben
die Maßzahl 1 nur auf sich selbst bezogen; auf jede andere Größe der
Gruppe — und jede solche darf ja als Einheit gewählt werden — bezogen, besteht eine von 1 verschiedene Maßzahl.

Will man also eine sich nur auf die Wesensart (Qualität) einer
Größengruppe beziehende Kurzbezeichnung, so muß man von jedweder
Ausdehnungsangabe absehen; man erhält so eine Art allgemeiner
Einheit, die zwar nach wie vor das Wesen der Größe beschreibt, aber
wegen der Unfähigkeit der Angabe einer Ausdehnung nicht mehr zum
Messen befähigt ist. Der so erhaltene Begriff wird die Dimension
der Größe genannt. Er ist allen Größen gleicher Art gemeinsam und
daher ein vorzüglich geeigneter Repräsentant der ganzen Gruppe. So
haben beispielsweise die Länge einer Tischkante, die Höhe eines Turmes,
der von einem Zug zurückgelegte Weg usw. alle die gemeinsame Dimension „Länge". Andere Dimensionen sind die „Zeit", die „Energie",
die „Elektrizitätsmenge" usw. Zur Bezeichnung der Dimension wird
ein geeignetes Buchstabensymbol aus der Gruppe gleichartiger Größen
gewählt und in eckige Klammern gesetzt. So bedeuten z. B.

[l]   die Dimension Länge,
[t]   die Dimension Zeit,
[Q]   die Dimension Elektrizitätsmenge,
[U]   die Dimension elektrische Spannung

usw.

Ein Größensymbol $l = \{l\}$ (l) kann immer nur aussagen, daß eine bestimmte, vorliegende Länge das $\{l\}$fache der besonderen Einheit (l) ist; im Gegensatz hiezu gibt die Aussage [G] = [l] an, daß die vorliegende Größe G eine Länge ist, nämlich daß sie „die Dimension einer Länge hat".

Ein weiteres Beispiel betreffe etwa die Größe t für einen Zeitabschnitt. $t = \{t\}$ (t) ist die physikalische Größe. 5 Sekunden, 3 Stunden, 2 Tage usw. sind spezielle Größen unter den unendlich vielen, möglichen Zeitabschnitten. Sekunde, Stunde, Tag usw. sind die speziell gewählten Einheiten, die zu den Maßzahlen 5, 3, 2 usw. führten. Bei Abstraktion von jeder Ausdehnung und Beschränkung nur auf die Qualität der Größe erhält man schließlich die Dimension „Zeit", [t].

Gleichungen zwischen Dimensionen werden Dimensionsgleichungen genannt. Auf Grund der Definition der Dimension erkennt man leicht, daß richtige Dimensionsgleichungen entstehen müssen, wenn man in den bestehenden Größengleichungen alle Zahlenfaktoren streicht und die Größensymbole durch die Dimensionssymbole ersetzt. Es ist unmittelbar ersichtlich, daß bei einer richtigen Größengleichung rechts und links vom Gleichheitszeichen die gleichen Dimensionen vorhanden sein müssen; denn man kann natürlich nur wesensgleiche Ausdrücke einander gleichsetzen. Ja man kann direkt die Dimensionsgleichheit als Kriterium verwenden, um die qualitätsmäßige Richtigkeit einer vorgelegten Größengleichung zu überprüfen. Das ist im übrigen auch einer der Vorteile der Verwendung von Größengleichungen, da eine solche Überprüfung bei Maßzahlgleichungen nicht durchführbar ist.

Aus der Definition der Dimension gehen unmittelbar die folgenden Eigenschaften und Sätze hervor:

1. Die Dimension eines Produktes ist gleich dem Produkt der Dimensionen der Faktoren. Zum Beispiel ist für die Ladung eines Kondensators

$$Q = C\,U: \qquad [Q] = [C]\,[U],$$

oder für die kinetische Energie

$$W_k = \frac{m\,v^2}{2}: \qquad [W_k] = [m]\,[v]^2 = [m]\,\frac{[l]^2}{[t]^2} = [m]\,[l]^2\,[t]^{-2}$$

usw.

2. Die Dimension einer Summe ist gleich der Dimension eines der Summanden. Als Beispiel sei etwa der Umfang eines Rechteckes mit den Seiten a und b genannt

$$u = 2(a + b): \qquad [u] = [a + b] = [a] = [b] = [l].$$

a und b sind eben gleichartige Größen, oder wie es jetzt genauer ausgedrückt werden kann, Größen gleicher Dimension.

3. Haben mehrere Größen die gleiche Dimension, so kann die zur Messung einer der Größen gewählte Einheit auch zur Messung der anderen Größen dienen. Diese Feststellung kann auch umgekehrt zur Definition dimensionsgleicher Größen herangezogen werden. Darnach

haben zwei Größen die gleiche Dimension, wenn sie mit derselben Einheit gemessen werden können.

Unter den Größen gibt es eine ausgezeichnete Gruppe mit dem besonderen Merkmal, daß ihre Einheit **eins**, also eine unbenannte Zahl ist. Man könnte sie zunächst als reine Zahlen auffassen. Sie unterscheiden sich aber von diesen durch ihren physikalischen Charakter, der sich vor allem darin äußert, daß sich solche Größen nicht beliebig addieren lassen. Sie gehören also keiner Gruppe gleichartiger Größen an, sondern bilden vielmehr Untergruppen mit gleichen Dimensionen. Da diese unbenannte Zahlen sind, können sie nur zum Quotienten aus zwei Größen gleicher Dimension gehören. Die Dimension dieser Größen wird also stets dargestellt sein durch das auf die null-te Potenz erhobene Dimensionssymbol der beiden Teilgrößen. Man nennt solche Größen dann auch **dimensionslose Größen**.

Ein wichtiges Beispiel einer dimensionslosen Größe ist der Winkel, der ja als das Verhältnis des Kreisbogens zu seinem Halbmesser definiert wird. Der Winkel hat also die Dimension $[1]^0$, das heißt die Dimension einer Länge hoch Null. Das darf nur mit Vorbehalt gleich 1 gesetzt werden, da eine Addition mit anderen dimensionslosen Größen — z. B. einem Wirkungsgrad — sinnlos wäre. Die Berechtigung, aber auch die Notwendigkeit, die dimensionslosen Größen mit dem Dimensionsexponenten Null und nicht als reine Zahl anzuschreiben, liegt immer dann vor, wenn die beiden Teilgrößen trotz gleicher Dimension dennoch verschiedenen Kennbereichen der gemeinsamen Gruppe angehören. Man erkennt dies sofort an der verschiedenen Benennung der Teilgrößen. Beim Winkel sind es der „Bogen" und der „Halbmesser", beim Wirkungsgrad etwa „nutzbare Leistung" und „aufzuwendende Leistung" usw. Erst wenn die Größen dem gleichen Kennbereich angehören (z. B. die beiden Kantenlängen eines rechteckigen Tisches), wird der Quotient zu einer reinen Zahl. Die Grenzen sind aber oft nicht klar erkennbar und daher ist beim Arbeiten mit dimensionslosen Größen eine gewisse Vorsicht am Platz.

Die Einheit einer dimensionslosen Größe ist natürlich selbst dimensionslos, also die Zahl 1. Da man auch diese nicht immer bedenkenlos wie eine reine Zahl verwenden darf, gibt man ihr einen eigenen Namen, wie zum Beispiel „Radiant" für den Winkel 1, oder genauer den Winkel

$$\frac{1 \text{ m Bogen}}{1 \text{ m Halbmesser}}, \text{ oder } \frac{1 \text{ cm Bogen}}{1 \text{ cm Halbmesser}}, \text{ oder allgemein ausgedrückt}$$

$$1 \text{ rad} = (1)^0.$$

Eine andere Einheit für die gleiche Größe Winkel ist der Grad. Der Zusammenhang mit der Einheit Radiant ergibt sich aus dem vollen Winkel, der in gleicher Weise durch 2π rad wie durch 360^0 angegeben werden kann. Es ist also

$$360^0 = 2\pi \text{ rad}$$

oder

$$1\ \text{rad} = \frac{360^0}{2\pi} = 57^0\ 17'\ 44{,}8\ldots'',\quad 1^0 = \frac{2\pi}{360}\,\text{rad} = 0{,}017\ 453\ldots\text{rad}.$$

Die Benennungen der dimensionslosen Einheiten dürfen aber nicht darüber hinwegtäuschen, daß es sich letzten Endes doch nur um reine Zahlen handelt und diese Einheiten trotz ihrer Namen nur Vielfache der Zahl 1 sind, genau so wie beispielsweise die Einheiten Prozent, Dutzend usw., die ebenfalls nur das 0,01fache, 12fache usw. von 1 sind. Es ist also eigentlich

$$1^0 = 0{,}017\ 453\ldots,$$

$$1^g = \frac{2\pi}{400} = 0{,}015\ 708\ldots,$$

$$1\ \text{rad} = 1$$

und man kann in allen speziellen Größengleichungen das Einheitensymbol rad einfach streichen.

§ 312 Grundgrößen und abgeleitete Größen

Im vorhergehenden Kapitel wurde dargelegt, daß man aus der Größengleichung die Dimensionsgleichung erhält, wenn man nach Streichen aller Zahlenfaktoren die Größensymbole durch die entsprechenden Dimensionssymbole ersetzt. Bei allen Größengleichungen werden dabei meist auf der linken Seite der Gleichung eine Größe, auf der rechten deren mehrere stehen. Es ist ja gewöhnlich der Zweck der Gleichung, die Abhängigkeit dieser einen Größe von den anderen anzugeben. Dasselbe gilt in erhöhtem Maße für die aus den Größengleichungen abgeleiteten Dimensionsgleichungen, da ja jetzt nach Streichung aller zahlenmäßiger Beziehungen nur mehr die qualitativen Abhängigkeiten dargestellt werden können. Dabei ist natürlich auch eine vorherige Umstellung der Gleichung möglich und gegebenenfalls besonders interessant, wie beispielsweise die Ermittlung der Gravitationskonstanten aus dem Gravitationsgesetz

$$\Gamma = \frac{F\,r^2}{m_1\,m_2}.$$

Es wird also im allgemeinen eine Dimensionsgleichung die Form

$$[G] = [g_1]^{p_1}\,[g_2]^{p_2}\ldots[g_n]^{p_n} \tag{1}$$

haben. Links steht dann die zu ermittelnde Dimension der neu definierten Größe, rechts die bekannten Dimensionen der definierenden Größen.

Es zeigt sich nun, daß man nicht alle Größen durch andere immer weiter darstellen kann. Man ist vielmehr gezwungen, eine Mindestzahl an Größen als einfach vorgegeben und nicht weiter „erklärbar", das heißt aus anderen Größen darstellbar, anzunehmen. Diese Größen nennt man dann Grundgrößen, die anderen abgeleitete Größen.

Sind insbesondere in der Gl. (1) die $[g_i]$ solche nicht weiter erklärbare Grunddimensionen, so ist $[G]$ eine aus diesen abgeleitete Dimension. So ist die Dimension „Geschwindigkeit" eine aus „Länge" und „Zeit" abgeleitete Dimension, wenn die beiden letzteren als Grunddimensionen angesehen werden,

$$[v] = [l]\,[t]^{-1}.$$

Welche Dimensionen als Grunddimensionen gelten können, erscheint zunächst gleichgültig. So könnte ohne weiteres auch der Weg als aus Geschwindigkeit und Zeit abgeleitete Dimension betrachtet werden,

$$[l] = [v]\,[t].$$

Es ist dagegen nicht gleichgültig, wieviel Grunddimensionen gewählt werden können oder müssen. Das läßt sich unmittelbar einsehen, wenn man bedenkt, daß über die empirisch gefundenen Naturgesetze uns von der Natur auch Dimensionsgleichungen gegeben werden, deren Anzahl die möglichen und notwendigen Grunddimensionen zusammen mit der Anzahl der insgesamt auftretenden Größen eindeutig festlegen. Eine diesbezügliche Untersuchung wird in einem späteren Kapitel vorgenommen werden.

Bei den Einheiten wiederholt sich die Frage in gleichem Umfang wie bei den Dimensionen. Man ist auch hier gezwungen, eine bestimmte Mindestanzahl von Grundeinheiten anzunehmen und die übrigen aus ihnen abzuleiten. Welche Einheiten als Grundeinheiten gewählt werden, ist dabei wieder grundsätzlich gleichgültig. Ihre Mindestanzahl ist aber bestimmt. Sie ist wegen der hohen Verwandtschaft zu den Dimensionen offenbar dieselbe wie dort.

Natürlich kann bei der Ableitung von Einheiten aus Grundeinheiten jetzt auch ein Zahlenfaktor auftreten, da ja hier auch die Ausdehnungsverhältnisse eine Rolle spielen. So ist beispielsweise die Krafteinheit Newton aus den Grundeinheiten Kilogramm, Meter und Sekunde nach der Einheitengleichung

$$N = kg\ m\ s^{-2}$$

ohne Zahlenfaktor abgeleitet, während bei der abgeleiteten Leistungseinheit Pferdestärke

$$PS = 75\ kp\ m\ s^{-1}$$

der Zahlenfaktor 75 auftritt.

§ 313 Urmaße, Naturmaße, Prototype

Wählt man gemäß Definition nach § 22 aus einer Gruppe gleichartiger Größen eine als Einheit, so ist für das erste eine Messung der übrigen Größen der Gruppe möglich geworden. Man kann nun den materiellen Körper, an dem man eine bestimmte Eigenschaft als Einheit gewählt hat, aufbewahren und ihn für spätere Messungen von gleichartigen Größen wieder verwenden. Die Einheit ist damit zu einem Maß geworden. Die Festlegung bestimmter Maße hat große Vorteile. Dadurch, daß jetzt nicht nur mit immer derselben namentlichen, sondern auch materiell verwirklichten Einheit gemessen wird, ist der Vergleich der gemessenen Größen erst genau möglich geworden. Er kann auch zwischen örtlich entfernten Objekten durchgeführt werden, wenn das Maß jeweils an den Ort der neuen Messung gebracht wird und dabei angenommen werden kann, daß es beim Transport keinerlei Änderung erfahren hat. Um somit eine bei allen Messungen gleichermaßen erzielbare Genauigkeit zu erreichen und damit eine einwandfreie Vergleichsmöglichkeit auch zwischen örtlich entfernten Objekten, erscheint es zunächst notwendig zu sein, für jede Einheit ein geeignetes Maß herzustellen oder zu benennen, das womöglich in mehrfachen Exemplaren zur Verfügung stehen sollte, damit die Maße nicht transportiert werden müssen. Das würde heißen, daß für die Belange der praktischen Messung eine Unzahl von Maßen vorhanden sein müßte.

Nun wurde aber in § 312 dargelegt, daß man nur eine bestimmte, kleine Zahl von Grundeinheiten benötigt, da ja alle anderen aus ihnen abgeleitet werden können. Es ist also offenbar nur notwendig, für diese Grundeinheiten Maße zu schaffen, womit deren Anzahl auf ein Minimum reduziert werden kann. Dabei braucht das Maß nicht einmal die Grundeinheit unmittelbar zu verkörpern, sondern es genügt, wenn es mit dieser nach einer bestimmten Vorschrift so verknüpft ist, daß die Grundeinheit jederzeit aus dem Maß eindeutig entnommen werden kann. Damit ist vor allem erreicht, daß das Maß, ohne durch die es beschreibende Grundeinheit beeinflußt zu sein, nach besonderer Zweckmäßigkeit gewählt werden kann.

Da wenigstens für jede Grundeinheit ein Maß vorhanden sein muß, weil ja nur so alle Einheiten real verkörpert werden können, muß die Anzahl der Maße die gleiche sein, wie die Anzahl der Grundeinheiten. Es läßt sich aber zeigen (s. § 322), daß auch nicht mehr Maße gewählt werden dürfen, wenn man Widersinnigkeiten bei der Einheitenbestimmung vermeiden will. Die Anzahl der erforderlichen Maße ist also eindeutig bestimmt und die gewählten Maße könnten wieder als Grundmaße benannt werden.

Nun stellt aber die Meßtechnik noch besondere Ansprüche, die eine Sonderbehandlung der Maße erfordern. Sollen nämlich die Messungen wirklich einwandfrei vergleichbare Ergebnisse liefern, dann müssen die Maße unveränderlich sein. Es muß sichergestellt werden, daß sie unabhängig von Zeit und Ort immer die gleiche Ausdehnung haben, oder ihr Sollwert durch Korrektur ermittelt werden kann. Die Maße sind dann die festen und unveränderlichen Fixpunkte der ganzen Meßtechnik und werden in diesem Zusammenhang Urmaße genannt.

Nun ist diese Forderung aber unerfüllbar, wenn die Urmaße durch materielle Körper dargestellt werden, da diese von einer Reihe von Umwelteinflüssen abhängig sind, wie Temperatur der Umgebung, Luftfeuchtigkeit, Eigengewicht, Luftdruck, usw. Selbst bei sorgfältigster Aufbewahrung, Lagerung und Vorsicht bei den Vergleichsmessungen lassen sich diese Einflüsse nicht völlig kompensieren. Trotzdem stehen solche Urmaße in Gebrauch und werden an den zuständigen

Stellen mit allen Mitteln der modernen Physik vor Ausdehnungsveränderungen zu bewahren versucht. Diese materialisierten Urmaße werden Prototype genannt. Als Längenprototyp wird bis heute das im Pavillon de Breteuil bei Paris aufbewahrte Urmeter verwendet. Es ist die zwischen zwei Strichen eines Stabes aus einer Legierung von 90% Platin und 10% Iridium bei 0° C gemessene Länge, die die Benennung Meter erhalten hat. Durch das Prototyp des Urmeters sind alle Längenmessungen mit großer Genauigkeit vergleichbar und jederzeit reproduzierbar geworden.

Das gilt nun allerdings nicht uneingeschränkt. Die Abhängigkeit jedes materiellen Prototyps von den Umwelteinflüssen hat zur Folge, daß seine eigene Ausdehnung keine konstante ist. Jede Veränderung in der Zeit läßt die vorausgegangenen Messungen falsch erscheinen. Wenn auch die Abweichungen verschwindend klein sind, so sind sie doch vorhanden und das Prototyp erscheint nicht mehr als unveränderliche Vergleichseinheit.

Dem Prototyp haftet aber auch noch ein anderer, bemerkenswerter Mangel an, nämlich seine Zerstörbarkeit. Eine Vernichtung des Urmeters würde die Menschheit um die einwandfreie Vergleichsmöglichkeit ihrer Längenmessungen bringen. Selbst wenn von dem Urmeter in Paris Zweitstücke abgenommen wurden, die an anderen Stellen der Erde aufbewahrt sind, so sind diese sekundären Prototype nicht mit dem Urmeter identisch. Die mit ihnen geeichten Längenmaßstäbe haben also eine abweichende Länge, ohne daß aber diese Abweichung ermittelt werden könnte.

Um von dieser Unsicherheit frei zu werden, kann man als Urmaße statt der Prototype, also an Stelle materieller Maße, Naturkonstante wählen, also Größen, die nach unserem Wissen und für den menschlichen Gebrauch als unveränderlich gelten können. Man nennt diese Urmaße Naturmaße. Die Naturmaße sind nicht nur frei von Umwelteinflüssen, sondern stehen überall und zu jeder Zeit zur Verfügung. Sie sind also reproduzierbar und können nicht vernichtet werden. Während also das Prototyp seine wahre Ausdehnung verändert, behält das Urmaß diese bei und es erübrigt sich nur mehr, die von ihm bestimmte Grundeinheit mit immer größerer Genauigkeit anzuknüpfen. Damit erscheint es verständlich, wenn die Tendenz besteht, etwa noch im Gebrauch stehende Prototype durch Naturmaße zu ersetzen.

Das Urmeter war übrigens ursprünglich auch als materielle Verkörperung eines Naturmaßes gedacht. Es sollte ja dem zehnmillionsten Teil eines Erdmeridianquadranten, vom Pol zum Äquator, gemessen auf einem Längenkreis im Meeresniveau, gleich sein. Dies ist mit einer zur Zeit der Herstellung möglichen Genauigkeit wohl durchgeführt worden; eine absolute Gleichheit konnte aber natürlich nicht und könnte auch heute oder irgend einmal später nicht erzielt werden. Die Definition des Meter blieb aber an die Länge des Urmeterstabes geknüpft, so daß dieser zum Prototyp wurde.

Die übergroße Genauigkeit, die an den direkten Vergleich mit den Urmaßen gebunden ist, ist in vielen Belangen nicht notwendig. Es erfordert überdies eine mit allen Finessen der Meßtechnik ausgestattete, schwierigste Laboratoriumsarbeit, diesen Vergleich durchzuführen, Man fertigt daher für den normalen Bedarf Vergleichsmaße an, die einmal über das Urmaß geeicht wurden und dann als eine Art sekundärer Prototype verwendet werden können. Man nennt diese, in vielen Exemplaren für die praktischen Eichungen und Messungen herstellbaren Maße Etalons. Während die Anzahl der Urmaße gemäß den später noch zu erörternden Bedingungen begrenzt ist, können natürlich Etalons in unbeschränkter Zahl und auch für abgeleitete Einheiten je nach Bedarf angefertigt werden.

§ 32 Grundlegende Beziehungen

§ 321 Der Grad eines Maßsystems

Wie schon in § 312 ausgeführt wurde, lassen sich „neue"Größen im allgemeinen aus bereits bekannten ableiten. Aber auch diese wurden häufig aus noch früher bekannten abgeleitet. Schließlich gelangt man aber zu Grenzgrößen, die nicht mehr weiter definiert werden können und die Grundgrößen genannt wurden. Es leuchtet unmittelbar ein, daß die Anzahl dieser Grundgrößen eine definierte sein muß, da es ja nicht sein kann, daß eine Größe von verschiedenen Grundgrößen abgeleitet werden kann, denn dann wären diese ja nicht mehr voneinander unabhängige Größen, also keine Grundgrößen mehr. Die Frage, die sich sofort aufdrängt und die zu einer Kardinalfrage der Maßsystembildung wird, ist die Frage nach der notwendigen und ausreichenden Anzahl der Grundgrößen. Diese Zahl definiert den Grad des Maßsystems.

Zur kritischen Untersuchung dieser Frage stellt man sich am besten auf den Standpunkt des „Urphysikers", der noch keine Gesetze kennt und sie rückschauend neu abzuleiten versucht. Um ganz klar zu sein, mögen die folgenden Überlegungen gleich an Hand des Beispieles der Mechanik überprüft werden, so daß ein Mißverständnis über die Bedeutung der im übrigen durchaus primitiven Ableitung von vornherein ausgeschlossen erscheint.

Ausgangspunkt bei der Beschreibung der mechanischen Erscheinungen sind zunächst die Größen Länge und Zeit. Es sind dies die beiden Größen, die nach KANT Formen unserer Anschauung sind und die man einfach als vorhanden und nicht weiter erklär- oder ableitbar unmittelbar erlebt. Es ist einleuchtend, diese Größen als Grundgrößen zu wählen, da sie offenbar bevorzugt zur Beschreibung anderer Größen herangezogen werden können; nach obigem würde es sinnlos erscheinen, diese Größen aus anderen abzuleiten oder zu erklären.

Mit den Größen Länge und Zeit können bereits eine Reihe weiterer Größen gebildet, bzw. definiert werden. So macht der primitive Mensch unmittelbar die Erfahrung, daß sich die Gegenstände bewegen, daß sie also in der Zeit bestimmte Wegstrecken zurücklegen und daß die Erscheinungen dieser Bewegungen je nach dem Weg, den die Gegenstände in bestimmten Zeitabschnitten zurücklegen, verschieden und charakteristisch sind. Er wird also dazu geführt, den Quotienten aus Länge und Zeit besonders zu betrachten und ihm einen neuen Namen zu geben. Er definiert also die Größe

$$v = \frac{s}{t}$$

als Geschwindigkeit, der somit die abgeleitete Dimension $[v] = [l]\,[t]^{-1}$ zukommt.

Weitere Erfahrungen ergeben dann, daß auch die zeitlichen Änderungen der Geschwindigkeiten zweckmäßig als neue Größen eingeführt werden, was dann zur Definition der Beschleunigung

$$a = \frac{v}{t} = \frac{s}{t^2}\,; \quad [a] = [v]\,[t]^{-1} = [l]\,[t]^{-2}$$

führte.

Diese Definitionen — und das gilt für den Gegenstand der Untersuchung allgemein für alle Definitionsgleichungen — ergeben in Ansehung der Ermittlung der Anzahl der notwendigen Grundgrößen keinen Gewinn. Zur Beschreibung des durch Geschwindigkeit und Beschleunigung erweiterten Gebietes sind keine weiteren Grundgrößen erforderlich gewesen; es reichen die bisherigen von Länge und Zeit weiterhin aus. Ja es wäre die Bildung der Begriffe Geschwindigkeit und Beschleunigung überhaupt gar nicht anders möglich gewesen als durch die Beziehung auf Länge und Zeit. Vergißt man diese Entstehung z. B. des Begriffes Geschwindigkeit später, indem er durch seinen dauernden Gebrauch für den unkritischen Benützer unbewußt den Charakter einer grundsätzlichen Erfahrungsgröße annimmt[1], oder stellt man sich als Gedankenexperiment etwa vor, daß die Geschwindigkeit wie Länge und Zeit eine unmittelbar erlebte Anschauungsgröße ist, die zu ihrer Erfassung der Begriffe Länge und Zeit nicht bedarf, dann hätte man nur über die Erfahrung feststellen können, daß die bekannte Größe Geschwindigkeit der bekannten Größe Länge direkt und der bekannten Größe Zeit indirekt proportional ist. Man müßte dann in Form einer neuen Proportion schreiben

$$v = k\,\frac{s}{t}\,,$$

worin k einen noch zu ermittelnden Proportionalitätsfaktor vorstellt. Dieser Proportionalitätsfaktor hat die Dimension

$$[k] = [l]^{-1}\,[t]\,[v]$$

und ist damit eine physikalische Größe. War die Geschwindigkeit wirklich eine nicht weiter erklärbare, ursprüngliche Erscheinungsgröße,

---

[1] Das wird hier kaum ernstlich der Fall sein, ist es aber auf anderen Gebieten der Physik durchaus und mit all den hier erläuterten Folgen behaftet.

dann ist k eine Naturkonstante, die durch die aus der Erfahrung stammende, experimentell festgestellte Proportionalität zwischen v und s/t gewonnen, nämlich der Natur abgelauscht wurde.

Jede Proportionalität, das heißt jedes Naturgesetz liefert also in ihrer Proportionalitätskonstanten eine neue, in den Naturerscheinungen vorhandene Größe, die für die Beschreibung der Naturerscheinungen in mathematischen Gesetzen wesentlich ist. Im Gegensatz hiezu sind die bei den Definitionen erhaltenen neuen Größen bloß Substitutionen für Verbindungen bekannter Größen, die für die Rechnung unwesentlich bleiben, indem diese auch nur mit den ursprünglichen Größen allein durchgeführt werden könnte. Für die Beschreibung eines physikalischen Gebietes sind also grundsätzlich nur die Proportionalitäten bestimmend und auch maßgebend für die notwendige Anzahl der erforderlichen Grundgrößen.

Der primitive Beobachter unseres Gedankenexperimentes kommt bald zu einer neuen Erfahrung, die er nicht über seine bisherigen Grundgrößen Länge und Zeit deuten kann. Es ist dies die Kraft, die er unmittelbar aus seiner Muskeltätigkeit empfindet und deren Auswirkungen er immer wieder feststellen kann. Eine dieser Feststellungen zeigt ihm, daß ein Körper eine gleichförmig beschleunigte Bewegung annimmt, wenn auf ihn eine gleichbleibende Kraft wirkt. Systematische Untersuchungen an ein und demselben Körper zeigen dem Beobachter, daß die erzielte Beschleunigung der auf den Körper wirkenden Kraft proportional ist. Er mußte also diese Erfahrungstatsache durch eine Proportionalität

$$F = m\,a \tag{1}$$

darstellen. Der Proportionalitätsfaktor m ist natürlich wieder eine physikalische Größe, deren Bedeutung jetzt untersucht werden muß. Seine Dimension ist

$$[m] = [F]\,[a]^{-1} = [F]\,[l]^{-1}\,[t]^2, \tag{2}$$

worin $[F]$ als neue Grunddimension auftritt. Die weiteren Untersuchungen über die neu erhaltene Größe m führen dann dazu, ihr als Sitz der Trägheitserscheinungen den Namen Masse zu geben.

Der Vorgang hätte sich auch durchaus anders abspielen können. Der primitive Beobachter hätte zum Beispiel die Erfahrung Kraft noch nicht bewußt haben können. Anderseits hätte er aber beobachtet, daß bei gleich großer Anstrengung Körper aus gleichem Material, aber verschiedener Größe verschiedene Beschleunigungen erhalten. Er erfaßt damit die Erscheinung „Masse" der Körper und erhält diese, da sie durch Länge und Zeit nicht deutbar ist, als dritte Grundgröße. Die systematischen Untersuchungen an Körpern verschiedener Masse zeigen ihm dann, daß die erzielte Beschleunigung den Massen verkehrt proportional ist. Er mußte also dieses Erfahrungsgesetz in die mathematische Form

$$a = F\,\frac{1}{m}$$

kleiden, in der F ein noch zu deutender Proportionalitätsfaktor ist. Seine Dimension ergibt sich zu

$$[F] = [a]\,[m] = [m]\,[l]\,[t]^{-2}, \tag{3}$$

worin jetzt $[m]$ als neue Grunddimension auftritt. Die weiteren Untersuchungen von F führen schließlich zu dessen Deutung als Kraft.

Beide Vorgänge sind völlig gleichwertig und liefern zwei verschiedene Systeme, das eine mit den Grundgrößen Länge, Zeit und Kraft und das zweite mit den Grundgrößen Länge, Zeit und Masse. Im ersten ist die Masse, im zweiten die Kraft eine abgeleitete Größe. Falsch wäre es aber, wenn man aus Unkenntnis der historischen Entwicklung später beide Größen Kraft und Masse als Grundgrößen ansehen würde. Freilich ist die wirkliche Entwicklung nicht immer diesen kritischen Weg gegangen, weil der Überblick erst nach Ausschöpfung der Erscheinungen der Erfahrung möglich wurde und in der Entwicklungszeit oft nicht absehbar war, was als Definition und was als Naturgesetz angesehen werden muß. Um so mehr muß nach dem Erreichen eines höheren und abschließenden Standpunktes das Erarbeitete kritisch und vorurteilslos überprüft werden.

Mit dem gewonnenen Massenbegriff konnte der primitive Beobachter nun weitere Erscheinungen untersuchen. Er findet bald, daß sich zwei Massen m_1 und m_2 anziehen, und daß die anziehende Kraft ihnen direkt und dem Quadrat ihrer Entfernung verkehrt proportional ist. Die beschreibende Gleichung mußte also lauten

$$F = K_g \frac{m_1\,m_2}{r^2}. \tag{4}$$

Der Proportionalitätsfaktor K_g muß wieder eine Naturkonstante sein und wurde Gravitationskonstante genannt. Ihre Dimension ist

$$[K_g] = [F]\,[l]^2\,[m]^{-2},$$

oder in den beiden vorhin gewonnenen Systemen

$$[K_g] = [F]^{-1}\,[l]^4\,[t]^{-4} \tag{5 a}$$

beziehungsweise

$$[K_g] = [m]^{-1}\,[l]^3\,[t]^{-2} \tag{5 b}$$

Es ist hier Gelegenheit, darauf hinzuweisen, daß richtige Darstellungen in verschiedenen Systemen einander niemals widersprechen können. So liefert die Gleichsetzung von (5 a) und (5 b) nur die Beziehung (2) oder (3) und keinerlei Sinnwidrigkeiten, wie sie sofort entstehen, wenn die Systeme nicht folgerichtig aufgebaut waren. Es wird später möglich sein, auf solche Fälle hinzuweisen.

Grundsätzlich könnte man sich auch vorstellen, daß das NEWTONsche Gesetz der Anziehung zweier Körper schon vor der Erarbeitung des Massenbegriffes entdeckt worden wäre. Die Körper wären dann durch ihre Gewichte G_1 und G_2 gekennzeichnet worden, die ja als Kraftgrößen ($[G] = [F]$) gewertet worden wären. Man hätte jetzt die Proportion

$$F = K \frac{G_1\,G_2}{r^2} \tag{6}$$

anschreiben müssen, in der K eine andere Art von Gravitationskonstante ergeben hätte. Die spätere Entdeckung des dynamischen Grundgesetzes hätte dann allerdings wiederum den Massenbegriff geliefert und damit auch für das Gewicht die Gleichung $G = m\,g$. Das Gravitationsgesetz hätte somit auch in der Form

$$F = Kg^2\,\frac{m_1 m_2}{r^2}$$

geschrieben werden können, womit es mit (4) identisch wird, wenn

$$Kg^2 = K_g$$

gesetzt wird. Das ist aber bloß die Definition einer neuen Größe K_g aus den bekannten K und g, die man etwa wählt, um aus Zweckmäßigkeitsgründen lieber mit den Massen als mit den Gewichten rechnen zu können. Die „Gravitationskonstante" K hätte die Dimension

$$[\mathrm{K}] = [\mathrm{F}]^{-1}\,[\mathrm{l}]^2 = [\mathrm{m}]^{-1}\,[l]\,[t]^2$$

erhalten.

Mit der Kenntnis der beiden Grundgesetze (1) und (4) können sämtliche Erscheinungen der Mechanik dargestellt werden, ohne daß es notwendig wäre, weitere Proportionalitäten anzuschreiben. Alle weiteren, im Laufe der Zeit eingeführten Größen sind also reine Definitionen. Zur vollständigen Beschreibung des abgeschlossenen Gebietes der Mechanik stehen also die beiden Naturgesetze zur Verfügung, die zusammen die fünf Größen Länge, Zeit, Kraft, Masse und Gravitationskonstante enthalten. Da durch jede Gleichung eine Größe aus den übrigen der Gleichung abgeleitet werden kann, können offenbar mittels der beiden Naturgesetze zwei von den fünf Größen als abgeleitete Größen dargestellt werden, während die restlichen drei nicht mehr ableitbar sind, also Grundgrößen sein müssen. Man erkennt, daß also die Anzahl der erforderlichen Grundgrößen aus den Naturerscheinungen eindeutig und zwangsläufig bestimmt ist und nicht etwa willkürlich gewählt werden kann.

Das gilt natürlich nicht nur für die Mechanik, sondern für jedes abgeschlossene Gebiet der Physik. Wird ein solches von n voneinander unabhängigen Naturgesetzen beschrieben und enthalten diese zusammen m Größen, so müssen m — n Größen als Grundgrößen erklärt werden, um sämtliche Größen des Gebietes einwandfrei beschreiben zu können.

Es kann nun vorkommen, daß im Laufe einer Weiterentwicklung in einem bisher als abgeschlossen angesehenen Gebiet ein weiteres Naturgesetz entdeckt wird, das keine neuen Größen enthält. Es steht dann eine weitere Gleichung zur Verfügung und die Anzahl der Grundgrößen müßte jetzt nachträglich um 1 vermindert werden. Eine solche Revision müßte auch eintreten, wenn später erkannt wird, daß eine bisher als Naturgesetz angesehene Proportionalität gar keine solche ist, der Proportionalitätsfaktor also ursprünglich zu Unrecht gesetzt wurde. Es wird in späteren Abschnitten auf diese Fälle noch näher einzugehen sein.

Die Anzahl der erforderlichen Grundgrößen bestimmt den Grad des Maßsystems. Man spricht dann auch bei drei Grundgrößen von einem Dreiersystem, bei vieren von einem Vierersystem usw. Nach allem bisher Gesagten ist der Grad natürlich derselbe beim System der Dimensionen, der Einheiten und der Urmaße.

Wie schwierig es manchmal ist, den exakten objektiven und genetischen Weg nicht zu verlassen, mag eine kürzlich von G. NIDETZKY vorgebrachte Untersuchung zeigen, die scheinbar völlig folgerichtig in der Mechanik zu einem Zweiersystem führt. Der Gedankengang ist dabei folgender: Wird in die Nähe eines Körpers 1 im Abstand r ein Körper 2 gebracht, so erfährt dieser eine Beschleunigung. Wird der zweite Körper immer kleiner gewählt (etwa durch fortschreitende Teilung), so strebt die Beschleunigung einem Grenzwert a zu, der also auch ohne den zweiten Körper „vorhanden" ist. Da diese Beschleunigungsgröße dem Quadrat des Abstandes verkehrt proportional ist, kann offenbar die Größe $f_1 = a\,r^2$ als Eigenschaft des Körpers 1 angesehen werden. Sie ist nach der exakten Darstellung nach Gl. (4) aus § 321 nichts anderes als das K_g fache der Masse m_1

$$f_1 = K_g\,m_1,$$

ohne daß aber der Massenbegriff notwendig gebraucht würde. Tatsächlich kann man formal die Beziehungen der Mechanik mit dem f statt mit dem m darstellen. Die Darstellung versagt allerdings dort, wo der reine Massenbegriff nicht entbehrt werden kann, wie beispielsweise bei der Angabe der Abhängigkeit der Masse von der Geschwindigkeit nach der Relativitätstheorie. Darüber hinaus ist aber der ganze Vorgang physikalisch unrichtig, weil er eine Reihe unberechtigter Syllogismen enthält, die ein Ergebnis vortäuschen, das vielleicht bis zu einem gewissen Grad formal interessant, physikalisch aber falsch sein muß. Zunächst kann ja die Bereitschaft zur Beschleunigung eines fremden Probekörpers 2 im Abstand r niemals als Eigenschaft des Körpers 1, sondern nur als Wirkung desselben gedeutet werden, wie etwa die Feldstärke im elektrischen Feld, mit der sie ja auch wesensverwandt ist. Noch schwerer wiegt aber die bei der exakten Darstellung gewonnene Erkenntnis, daß der Urphysiker, der bisher nur die Grundgrößen Länge und Zeit kennt, den Begriff Körper im vorgebrachten Sinn gar nicht haben kann. Er kann vorerst an Stelle der „Körper" nur „Volumen" setzen und dann fehlt aber die Erscheinung der Beschleunigung. Sobald er aber die Erfahrung „schwerer" Körper (also der Substanz) macht und erkennt, daß er die Erscheinung der Beschleunigung nur an solchen Körpern vorfindet, ist er gezwungen, diese neue Erfahrung Schwere-Gewicht-Kraft bei Aufstellung seines Naturgesetzes zu berücksichtigen. Negiert er diese Erfahrung, so begeht er offensichtlich eine fehlerhafte Unterlassung.

Man wende nicht ein, daß man ja auch zu Längenmessungen körperliche Maßstäbe verwendet. Erstens muß man das nicht — man kann auch mit Lichtstrahlen messen — und zweitens wird vom Maßstab nur dessen unkörperliche Kante benötigt. Der Maßstab kann ohne logische Schwierigkeit als materielos vorgestellt werden, die Eigenschaft Länge bleibt unbeeinflußt erhalten.

§ 322 Unter- und überbestimmte Systeme

Im vorangegangenen Kapitel ist dargelegt worden, wie man die Anzahl der Grundgrößen ermittelt. Es ist dabei klar geworden, daß diese Anzahl durch die aus der Erfahrung gewonnenen Proportionali-

täten streng bestimmt wird und daher keineswegs etwa willkürlich
gewählt werden kann. Nun liegt der Fall aber meistens so, daß man
in der Entwicklungszeit des betrachteten Gebietes, oft wegen der noch
teilweisen Unkenntnis der wirkenden Naturgesetze, häufig noch gar
nicht im Stande ist, diese Anzahl endgültig anzugeben. Ein späterer
Rückblick, bei dem die bestehenden Gesetze infolge der langjährigen
Anwendungen kaum mehr als Proportionalitäten im Gegensatz zu den
Definitionsgesetzen empfunden werden, läßt sich nur zu leicht dazu
verleiten, die Gewohnheiten des vorangegangenen Zeitraumes einfach
zu übernehmen, auch wenn sie einer systematischen Kritik nicht mehr
standhalten würden. Dazu kommt noch, daß es grundsätzlich gleich ist,
welche von den sich darbietenden Größen als Grundgrößen gewählt
werden. Man vergißt dann gerne, daß die Anzahl der zu wählenden
Grundgrößen genau bestimmt ist, und ist geneigt, die freie Wahl auch
auf diese Anzahl auszudehnen. Es ergibt sich also die Notwendigkeit,
zu untersuchen, welche Folgen sowohl ein Zuwenig als auch ein Zuviel
an gewählten Grundgrößen hat. Am einfachsten wird es wieder sein,
die Verhältnisse am Beispiel der Mechanik zu überprüfen.

Es sei wieder davon ausgegangen, daß zunächst erst die beiden
Grundgrößen Länge und Zeit bekannt sind. Die Erfahrung gäbe dann
eine erste Ahnung von der Größe Kraft und eine erste systematische
Untersuchung liefere das Gravitationsgesetz in der Form (321/6)

$$F = K \frac{G_1 G_2}{r^2}, \tag{1}$$

worin K als Proportionalitätsfaktor auftritt und F und G Größen gleicher
Dimension, nämlich die noch unscharf vorgestellte Kraft bedeuten.
Wird die Gleichung als Maßzahlgleichung aufgefaßt, so könnte man —
so argumentiert unser Beobachter — die Einheiten so wählen, daß
$\{K\} = 1$ ist und aus der Gleichung verschwindet. Exakt wäre dann zu
schreiben

$$\{F\} = \frac{\{G_1\} \{G_2\}}{\{r\}^2}. \tag{2}$$

Das ist natürlich möglich und darf ohne weiteres gemacht werden.
Der Fehler, den der Beobachter jetzt etwa macht und der in der Elektromagnetik seinerzeit auch tatsächlich gemacht wurde, soll der sein, daß
er in Unkenntnis des Unterschiedes zwischen Größengleichung und
Maßzahlgleichung die Gl. (2) wieder zu einer Größengleichung umdeutet
und

$$F = \frac{G_1 G_2}{r^2} \tag{3}$$

schreibt, wobei gegenüber der allein berechtigten Setzung (1) jetzt die
Konstante K gestrichen erscheint (mit der falschen Begründung einer
geeigneten Einheitenwahl). Was damit erreicht wurde, ist auf den
ersten Blick sehr bestechend. In (3) erscheint jetzt nämlich neben den
bekannten Größen Länge und Zeit nur mehr die eine, in ihrer Wesensart

noch unbekannte Größe Kraft, deren Dimension nunmehr scheinbar einwandfrei aus den Dimensionen Länge und Zeit abgeleitet werden kann. Es ist mit $[G] = [F]$

$$[F] = [l]^2.$$

Die Kraft hat also die Dimension einer Fläche und nach späterem Erhalt der dynamischen Grundgleichung die Masse die Dimension

$$[m] = [F]\,[a]^{-1} = [l]\,[t]^2.$$

Es ist klar, daß diese Entwicklung zu absurden Ausdrücken führt, die nicht nur keinen Sinn mehr erkennen lassen, sondern überdies zu völlig abwegigen Folgerungen verleiten. Dazu kommt noch, daß der Vorgang der vermeintlich zu Recht bestehenden Streichung einzelner Größen auf verschiedenste Weise möglich ist und damit eine Unzahl von falschen Größendeutungen zulassen würde. So könnte beispielsweise im Gravitationsgesetz

$$F = K_g\,\frac{m_1\,m_2}{r^2}$$

bei der Annahme, daß Länge und Kraft Grundgrößen seien, durch Weglassen von K_g eine Gleichung gewonnen werden, mit deren Hilfe eine Definition der Masse nach

$$[m] = [F]^{1/2}\,[l]$$

möglich wird. Zwar kann jetzt eine Masseneinheit als jene Masse definiert werden, die auf eine gleich große, im Abstand 1 cm befindliche mit der Kraft von 1 dyn wirkt, aber der Dimensionsausdruck und damit jeder Rückschluß auf die Wesensart der Masse wird völlig unsinnig. Das gilt für alle weiteren Ableitungen in gleichem Maße. So hätte die Beschleunigung die Dimension $[F]^{1/2}\,[l]^{-1}$, die Geschwindigkeit $[v] = [F]^{1/4}$ usw.

Ein untrügliches Zeichen, daß hier grundsätzlich etwas nicht stimmen kann, ist das Auftreten von gebrochenen Exponenten bei den Dimensionsausdrücken und damit auch bei den Einheitengleichungen. Darunter kann aber nicht nur nichts mehr vorgestellt werden, sondern es läßt sich auch rein formal mit solchen sinnlosen Ausdrücken nichts Vernünftiges anfangen.

Vielleicht ist es aber noch schlimmer, wenn die Exponenten bei einem solchen Vorgang zufällig ganz bleiben, weil dann Fehlschlüssen Tür und Tor geöffnet werden. Wäre man beispielsweise vom dynamischen Grundgesetz ausgegangen und hätte man nur die Grundgrößen Länge und Zeit zugelassen, dann hätte man vermutlich den Proportionalitätsfaktor m gestrichen. Es hätten dann Kraft und Beschleunigung, Impuls und Geschwindigkeit usw. je dieselbe Dimension erhalten; sie wären also als Größen gleicher Art erschienen! Es wäre müßig, über diesen in der Mechanik so absurd erscheinenden Vorgang so viele Worte zu verlieren, wenn nicht genau dies in der Elektromagnetik gemacht wurde und von vielen noch heute anerkannt wird, die sich nicht daran stoßen, daß beispielsweise die elektrische Verschiebung mit der elektrischen

Feldstärke, die magnetische Erregung mit der magnetischen Feldstärke, die Kapazität mit einer Länge usw. wesensgleich sein sollen.

Allgemein kann also gesagt werden, daß bei zu wenig Grundgrößen (unterbestimmtes System) einzelne Größen eines abgeschlossenen Gebietes als wesensgleich erscheinen, die in Wirklichkeit völlig verschiedene Erscheinungen beschreiben und daß außerdem die Dimensionsausdrücke unverständliche und sinnwidrige Formen annehmen können.

Ganz andere Folgen treten ein, wenn man zu viel Grundgrößen wählt (überbestimmtes System). Dieser Fall liegt zum Beispiel vor, wenn man bei der Aufstellung der dynamischen Grundgleichung neben Länge und Zeit noch Kraft und Masse als Grundgrößen ansieht. Die durch das Experiment festgestellte Proportionalität zwischen Kraft, Masse und Beschleunigung hätte dann die Gleichung

$$F = C\, m\, a \qquad (4)$$

ergeben, in der mit C eine vermeintliche Naturkonstante aufgetreten wäre mit der Dimension

$$[C] = [F]\, [m]^{-1}\, [l]^{-1}\, [t]^{2}.$$

Sie ist allein schon deshalb notwendig, weil sie die Gleichung dimensionell richtigstellen muß, denn F und $m\,a$ haben ja voraussetzungsgemäß verschiedene Dimensionen. Natürlich könnte man wieder den Weg gehen, über eine zweimalige Umdeutung der Gl. (4) und entsprechende Wahl der Einheiten, den Faktor C nachträglich fortzuschaffen. Das hieße aber einen Fehler durch einen zweiten gut machen, ein Vorgang, der wohl nicht als Verfahren empfohlen werden kann, abgesehen davon, daß die ursprüngliche Dimensionsfalschheit noch immer zu irrigen Auslegungen der Wesensdeutung führen kann.

Ist allgemein ein System überbestimmt, wurden also zu viele Grundgrößen gewählt, so treten in den Proportionalitäten mit Dimension behaftete Ausgleichsfaktoren auf, die das Vorhandensein von für das Gebiet charakteristischen Naturkonstanten vortäuschen. Diese vermeintlichen Naturkonstanten bestehen in Wirklichkeit aber gar nicht und verschleiern so nur die klare Erkenntnis der Zusammenhänge oder geben zu irreführenden Auslegungen Anlaß.

Unter- und überbestimmte Systeme haben also ihre einfach erkennbaren, charakteristischen Merkmale, die die Aufstellung solcher Systeme leicht vermeiden lassen. Geht man bei der Errichtung eines Maßsystems von dem Grundsatz aus, in den Grundgleichungen (experimentell gefundenen Naturgesetzen) immer nur dann eine Größe als Grundgröße zu wählen, wenn man mit den bis dorthin bekannten Grundgrößen nicht mehr auskommt, in diesem Fall aber stets eine weitere Grundgröße hinzuzunehmen, so kommt man erst gar nicht in Gefahr, zu wenig oder zu viel Grundgrößen vorzusehen. Im übrigen kann man aber stets aus der Gleichung

$$p = m - n \qquad (5)$$

für den Grad des Maßsystems nachprüfen, ob man sich auf dem allein richtigen Weg befindet.

§ 323 Kohärente Einheiten

Wählt man alle Einheiten eines Gebietes völlig frei, dann enthalten die Einheitengleichungen im allgemeinen Zahlenfaktoren. Nach (23/14) erscheinen diese Zahlenfaktoren mit ihren reziproken Werten auch in den zugehörigen Maßzahlgleichungen, während sie in den Größengleichungen nicht vorhanden sind. Wenn man also aus Gründen, die schon genannt wurden, mit Maßzahlgleichungen arbeiten will, dann ist der Zahlenfaktor wesentlich. Wie ebenfalls schon des öfteren angegeben wurde, hat der Zahlenfaktor einen verschiedenen Wert je nach der Wahl der Einheiten, aus welchem Grunde man bei Maßzahlgleichungen immer angeben muß, für welche Einheiten sie gelten. Man kann diese aber auch so wählen, daß der Faktor 1 wird. Tut man dies für sämtliche Einheiten eines abgeschlossenen Gebietes, dann besteht kein formaler Unterschied mehr zwischen den Maßzahlgleichungen und den Größengleichungen des Gebietes. Die Gleichungen können dann wahlweise als Größen- oder als Maßzahlgleichungen aufgefaßt werden. Die Einheiten werden jetzt kohärent genannt; sie bilden ein kohärentes Einheitensystem.

Legt man also einer Abhandlung ein kohärentes Einheitensystem zu Grunde, dann brauchen die Maßzahlgleichungen als solche nicht mehr besonders gekennzeichnet zu werden. In den bestehenden Größengleichungen können jetzt die Größensymbole ohne weiteres durch die Maßzahlen der Größen ersetzt werden, die sich aus der Anwendung der kohärenten Einheiten ergeben.

Als Beispiel sei etwa die Gleichung

$$W_{1m} = \frac{B\,H}{2}$$

für die Energiedichte des magnetischen Feldes angeführt. Wählt man die kohärenten Einheiten Meter, Joule, Volt, Ampere, Weber, so läßt sich die Einheitengleichung

$$\frac{J}{m^3} = \frac{A\,V\,s}{m^3} = \frac{Wb}{m^2}\frac{A}{m}$$

angeben, durch die die Größengleichung dividiert werden kann. Man erhält dann die Maßzahlgleichung

$$\{W_{1m}\} = \frac{\{B\}\,\{H\}}{2},$$

die mit der Größengleichung identisch ist, so daß die geschwungenen Klammern auch wieder weggelassen werden können.

Zur Aufstellung eines kohärenten Einheitensystems ist die Wahl der Grundeinheiten wichtig, weil durch sie die Brauchbarkeit der übrigen Einheiten abhängt. Ist allerdings das kohärente Einheitensystem einmal zur Zufriedenheit aufgestellt worden, dann erscheinen sämtliche Einheiten gleichwertig und es könnten nachträglich irgendwelche dieser Einheiten als Grundeinheiten gedeutet und die ursprünglich gewählten als abgeleitet angesehen werden. Maßgebend bleibt jetzt nur die Zweckmäßigkeit der Darstellung vom meßtechnischen Standpunkt aus gesehen und die Einhaltung der hinreichenden und notwendigen Anzahl in Ansehung des Grades des Maßsystems.

Um auf einem abgeschlossenen Gebiet zu kohärenten Einheiten zu kommen, braucht man nur aus den vorliegenden Größengleichungen die Dimensionsgleichungen zu bilden und in diesen die Dimensionen durch die bisher bekannten Einheiten zu ersetzen. Sind dann in den so erhaltenen Einheitengleichungen alle Einheiten ·bis auf eine bekannt, so kann diese aus den anderen abgeleitet werden; sie wird damit zu einer, zu den schon bekannten Einheiten kohärenten Einheit, die gegebenenfalls einen neuen Namen erhalten mag, wenn sie in den Anwendungen häufig vorkommt. Bei den Definitionen ist dieser Weg von selbst gegeben, bei den Naturgesetzen kommt man zu der schon erwähnten Forderung der Wahl der richtigen Anzahl von Grundeinheiten.

Als Beispiel sei etwa eine kohärente Einheit für die Influenz-konstante im m kg s A System abgeleitet. Aus dem PRIESTLEYschen Gesetz

$$F = \frac{1}{4\pi\varepsilon}\frac{Q_1 Q_2}{r^2}$$

ergibt sich zunächst die Dimensionsgleichung

$$[F] = [\varepsilon]^{-1}\,[Q]^2\,[l]^{-2},$$

und daraus für die Dielektrizitätskonstante

$$[\varepsilon] = [F]^{-1}\,[Q]^2\,[l]^{-2}.$$

Werden nun an Stelle von [F], [Q], [l] die kohärenten Einheiten Newton, Coulomb und Meter eingesetzt, und beachtet man, daß

$$1\,C = 1\,A\,s, \qquad 1\,N\,m = 1\,W\,s, \qquad 1\,W = 1\,V\,A,$$

so ergibt sich die kohärente Einheit für ε zu

$$(\varepsilon) = \frac{C^2}{N\,m^2} = \frac{A^2\,s^2}{W\,s\,m} = \frac{A\,s}{V\,m}.$$

Man könnte diese Einheit irgendwie benennen, zum Beispiel mit „Dil" und hätte dann die Definition

$$1\,Dil = 1\,\frac{A\,s}{V\,m}.$$

Die Influenzkonstante (Dielektrizitätskonstante des leeren Raumes) hat dann in dieser kohärenten Einheit den Wert

$$\varepsilon_0 = 8{,}859 \cdot 10^{-12}\,Dil.$$

Zum Abschluß dieses Kapitels sei nochmals ausdrücklich darauf hingewiesen, daß keinerlei Gründe dafür bestehen, in einem Gebiete der Physik oder Technik ausschließlich kohärente Einheiten zu verwenden. Schreibt man Größengleichungen, so sind alle Einheiten — wenn sie nur im Hinblick auf den Grad des Maßsystems richtig abgeleitet wurden — völlig gleichberechtigt und man hat die freie Wahl unter den für den vorliegenden Fall zweckmäßigsten und am besten passenden Einheiten. Die Größensymbole sind bei den Anwendungen stets durch das Produkt aus der gewählten Einheit und der zugehörigen Maßzahl zu ersetzen. Verwendet man hingegen kohärente Einheiten, dann können die Größengleichungen gleichzeitig als Maßzahlgleichungen angesehen und die Größensymbole durch die Maßzahlen ersetzt werden.

§ 33 Forderungen an ein einwandfreies Maßsystem

Die bisherigen Untersuchungen haben gezeigt, daß sich das Maßsystemproblem in drei Teilgruppen aufspaltet, nämlich in die Wahl geeigneter Dimensionen, die Aufstellung eines handlichen Einheitensystems und die Festlegung entsprechender Urmaße. Allen drei Teilproblemen gemeinsam ist die Nennung der notwendigen und hinreichenden Anzahl von Grundbegriffen, also der Grunddimensionen, Grundeinheiten und Urmaße. Diese Anzahl bestimmt sich nach § 321 aus den naturgegebenen Tatsachen und hat nichts mit Zweckmäßigkeitsgründen oder individuellen Ansichten zu tun. Es ist vielmehr die Natur selbst, die diese Anzahl bestimmt. Sie ergibt sich abseits von der formelmäßigen Vorschrift in § 321 auch von selbst dann, wenn man bei jeder neu aufgestellten Beziehung zunächst versucht, die darin neu auftretenden Größen aus den bereits bekannten abzuleiten. Erst wenn das nicht mehr geht, ist man berechtigt, eine weitere Größe als Grundgröße zu benennen, das heißt man ist vielmehr gezwungen dies zu tun, weil sonst die Beschreibung der übrigen Größen unmöglich ist. Dies etwa durch Streichen einer Größe aus der Gleichung scheinbar doch noch möglich zu machen, ist nicht nur unzweckmäßig, sondern falsch, weil die gestrichene Größe ja in das darzustellende Problem eingeht und dafür keinerlei Berechtigung gefunden werden kann, sie einfach nicht zu beachten.

Was nun die Frage der Dimensionen betrifft, so geht aus der Definition des Begriffes Dimension unmittelbar hervor, was das Dimensionssystem leisten kann und was es nicht vermitteln soll. Da die Aufgabe der Dimensionsdarstellung darin liegt, die Wesensart oder Qualität einer Größe in möglichst klarer Kurzschrift niederzulegen, erhebt sich die Forderung, die Grunddimensionen so zu wählen, daß die Dimensionsausdrücke der abgeleiteten Größen diese Wesensart so klar und einfach als möglich erkennen lassen. Dabei ist es nicht einmal nötig, daß jedesmal auf die Grunddimensionen zurückgegangen wird. Es erscheint im Gegenteil manchmal vorteilhaft, schon abgeleitete Dimensionen als Faktoren weiterer abgeleiteter Dimensionsausdrücke zu verwenden. So kann beispielsweise die Dimension der elektrischen Feldstärke wahlweise in den beiden Formen

$$[E] = [U]\,[l]^{-1} = [\Phi]\,[t]^{-1}\,[l]^{-1}$$

geschrieben werden, worin sie als Spannung je Längeneinheit oder als auf die Längeneinheit bezogene zeitliche Änderung des magnetischen Flusses erscheint. Beide Darstellungen sind gleichwertig und es mag je nach dem vorliegenden Problem die eine oder die andere das Wesentliche unmittelbarer beschreiben.

Außer der Beachtung physikalisch möglichst optimaler Durchsichtigkeit sind bei der Wahl der Grunddimensionen keinerlei Gesichtspunkte maßgebend. So ist vor allem eine Bezugnahme auf Messungen und Einheiten sowie Urmaße völlig unnötig, da diese zur Gänze außerhalb des Bereiches der Dimensionsaufgabe fallen. Zu Grunddimensionen wird man demnach vorzugsweise die Dimensionen von Größen erklären, die entweder, wie Länge und Zeit, den Formen unserer Anschauungen entsprechen, oder die in der Natur eine ausgezeichnete Rolle spielen, ohne daß wir im Stande sind, sie aus anderen Größen auf verständliche Weise abzuleiten. Es sind dies praktisch die Mengengrößen, die unserer unmittelbaren Vorstellung weitaus näher liegen als die intensiven Größen.

Das Dimensionssystem ist uninteressant bei den zahlenmäßigen Rechnungen, bei den Messungen und relativen Größenangaben. Es spielt also in der Technik eine geringere Rolle als in der Physik, wo ja gerade die Dimensionen die physikalisch grundlegende Wesensart aufzeigen sollen.

Eine grundlegend andere Aufgabe haben die Einheitensysteme. Hier spielen die Erfordernisse der Messung und Berechnung die erste Rolle. Man wird also die Einheiten so wählen, daß bei den Messungen bequeme Maßzahlen auftreten. Dabei erscheint es zunächst völlig gleichgültig, welche Einheiten man als Grundeinheiten gewählt hat, da man ja nach Bedürfnis beliebige Vielfache derselben als praktische Einheiten definieren kann. Auch die abgeleiteten Einheiten können bei ihrer Definition mit einem beliebigen Zahlenfaktor versehen werden. Man hat daher seinerzeit als Grundeinheiten direkt die Urmaße oder ein ganzzahliges Vielfaches derselben gewählt und aus ihnen andere, passende Einheiten abgeleitet.

Schreibt man Größengleichungen, so ist, wie schon gezeigt wurde, ein Einheitenproblem gar nicht vorhanden, wenn nur der Grad des Systems richtig angesetzt war. Die einzige Unannehmlichkeit ergab sich nur bei den Umrechnungen, wenn der Zahlenfaktor ζ (s. § 23) in den Einheitengleichungen eine unbequeme Zahl war. Man bemühte sich daher, die Einheiten möglichst so zu wählen, daß ζ eine Zehnerpotenz wurde, womit die Umrechnungen wesentlich erleichtert werden. Für bestimmte Zehnerpotenzen hat man dann auch eigene Dekadenzeichen festgesetzt, die vor die Einheit gesetzt werden und das Anschreiben der Zehnerpotenz ersparen. Diese Zeichen und ihre Benennungen sind die folgenden

Da	Deka	$= 10$		d	Dezi	$= 10^{-1}$
h	Hekto	$= 10^2$		c	Zenti	$= 10^{-2}$
k	Kilo	$= 10^3$		m	Milli	$= 10^{-3}$
M	Mega	$= 10^6$		μ	Mikro	$= 10^{-6}$
G	Giga	$= 10^9$		n	Nano	$= 10^{-9}$
T	Tera	$= 10^{12}$		p	Pico	$= 10^{-12}$

Werden die Einheiten konsequent so definiert, daß der Einheitenfaktor ζ immer 1 wird, dann kommt man zu kohärenten Einheiten mit den in § 323 geschilderten Vorteilen. Sind dabei für ein abgeschlossenes Gebiet alle Einheiten definiert, dann erscheinen diese als völlig gleichwertig, weil ja jetzt zu jeder Größe nur eine einzige Einheit gehört. Es ist also hinterher die Unterscheidung zwischen Grundeinheit und abgeleiteter Einheit (im Gegensatz zum Dimensionssystem, wo auch später noch die Grunddimensionen eine wichtige Rolle spielen) belanglos. Trotzdem ist aber die erste Wahl der Grundeinheiten überaus wichtig, da von ihr die praktische Brauchbarkeit des ganzen Einheitensystems abhängt.

Was nun die Wahl der Urmaße anbelangt, so liegen hier wiederum ganz andere Aufgaben vor. Die Urmaße bilden die Anknüpfungspunkte der Einheitensysteme an die Natur. Durch sie erst wird ein Einheitensystem zu einem praktisch anwendbaren Werkzeug der Meßtechnik. Mit dem Wort „Meter" ist ja noch keine Messung möglich; erst die Anknüpfung an die in der Natur gegebene Länge des Erdumfanges macht aus dem leeren Wort ein reelles Maß. Damit ist aber auch die Aufgabe der Urmaße und die Erfordernisse, die bei ihrer Wahl maßgebend sein müssen, klar umschrieben.

Die Urmaße sollen in der Natur vorhandene und nach unserer Kenntnis als konstant anzusehende Größen sein, die jederzeit zugänglich und so beschaffen sind, daß aus ihnen die Grundeinheiten mit der größtmöglichen Präzision abgenommen werden können. Diese Bedingung können nur Naturmaße, nicht aber Prototype (s. § 313) erfüllen. Prototype sollen also möglichst nicht verwendet oder aber so bald als möglich durch echte Naturmaße ersetzt werden.

Für die Wahl der Naturmaße sind die physikalischen Eichämter maßgebend, die an Hand der meßtechnischen Möglichkeiten jene Größen auszusuchen haben, deren Übertragung auf die Grundeinheiten mit einem Maximum an Genauigkeit durchführbar ist. Die eventuelle Schwierigkeit des physikalischen Verfahrens bei dieser Übertragung ist dabei nebensächlich, maßgebend ist lediglich die Präzision der Erfassung der Naturmaße.

Die übrige Meßtechnik und das gesamte Gebiet der praktischen Physik und Technik kümmert sich nicht um die Urmaße. Sie nimmt die Grundeinheiten als gegeben hin und baut sich aus ihnen ihr Einheitensystem.

Die drei Teilsysteme, Dimensionssystem, Einheitensystem und System der Urmaße bilden zusammen das Maßsystem. Die Aufgaben der Teilsysteme haben sich als sehr verschieden erwiesen. Sie können nur innerhalb ihres eigenen Systems wirklich befriedigend gelöst werden. Würde man eines der Teilsysteme beseitigen, indem man seine Aufgabe einem oder den beiden anderen zusätzlich zu übertragen versucht, so ist das zwar möglich, muß aber offensichtlich zu schwerwiegenden Kompromissen und empfindlichen Einschränkungen der Brauchbarkeit der verbliebenen Systeme führen.

Die einzelnen Anwendungsgebiete der Physik und Technik legen den drei Teilsystemen verschiedene Bedeutung bei, so daß es leicht vorkommen kann, daß das eine oder andere Gebiet nur auf eines oder zwei der Teilsysteme Wert legt, während es die anderen kaum interessiert. So wird vor allem das Einheitensystem häufig verschieden ausgelegt werden, da beispielsweise kohärente Einheiten in der Atomistik und in der Starkstromtechnik vorteilhaft auf sehr verschiedenen Grundeinheiten aufzubauen sein werden. Dagegen könnte vielleicht das Dimensionssystem in beiden Fällen das gleiche sein. Das gibt zwei verschiedene Maßsysteme mit gleichen Dimensions- und verschiedenen Einheitensystemen. Es sind aber natürlich auch andere Kombinationen möglich. Es hat sich nun leider eingebürgert, den Maßsystemen Eigennamen zuzuordnen, wie z. B. GAUSSsches, KALANTAROFFsches, GIORGIsches Maßsystem, wobei sich aber die Kennzeichnung einmal nur auf das Einheitensystem, das andere Mal nur auf das Dimensionssystem und schließlich auch auf das ganze Maßsystem beziehen sollte. Damit sind gewisse Mißverständnisse und irrtümliche Auslegungen unvermeidlich, weshalb vorgeschlagen wird, in Hinkunft Maßsysteme durch ihre Grundgrößen zu bezeichnen. Die vollständige Bezeichnung soll dann durch einen Bruch angegeben werden, in dessen Zähler die Grunddimensionen und

in dessen Nenner die Grundeinheiten stehen. Ein $\dfrac{Q\,\Phi\,\mathrm{l}\,\mathrm{t}}{\mathrm{m}\,\mathrm{s}\,\mathrm{VA}}$ - System ist

also beispielsweise ein Maßsystem mit den Grunddimensionen elektrische Ladung, magnetischer Fluß, Länge, Zeit und den Grundeinheiten Meter, Sekunde, Volt, Ampere. Natürlich kann auch das Dimensionsoder Einheitensystem in gleicher Weise durch den Zähler oder Nenner allein angegeben werden.

Das System der Urmaße wird eo ipso in allen Fällen das gleiche sein, da es ja gesetzlich niedergelegt und seine Änderung daher nur auf gesetzlichem Wege möglich ist. Beim Vergleich mit historisch entstandenen und verlassenen Urmaßen muß natürlich das jeweils in Verwendung gestandene System der Urmaße angegeben werden, wenn ein Einheitenvergleich durchgeführt werden soll.

Werden bei der Aufstellung eines Maßsystems die in diesem Kapitel angegebenen Richtlinien befolgt, die einen natürlichen, ohne willkürlichen Zwang erfolgten Aufbau gewährleisten, in dem also Zweckmäßigkeiten nur soweit Einfluß haben, als sie die natürlichen Abhängigkeiten und Forderungen respektieren, so soll dieses Maßsystem ein natürliches Maßsystem genannt werden. Ein natürliches Maßsystem ist also kein spezielles Maßsystem, sondern ein aus den Naturgegebenheiten ohne äußere Willkür entwickeltes, das in allen seinen Teilen die Gesetzesabläufe des Naturgeschehens mit einem Maximum an Wirklichkeitsnähe erfaßt. Es ist ein System, das an keiner Stelle mit metaphysischen Spekulationen, formalistischen Analogien oder anthropomorphen Willkürsetzungen arbeitet.

§ 4 Die Maßsysteme abgeschlossener Gebiete der Physik

§ 41 Die Maßsysteme der Mechanik

§ 411 Allgemeines

In § 321 wurden bereits die beiden Grundgleichungen der Mechanik, das Trägheitsgesetz

$$F = m\,a \tag{1}$$

und das Gravitationsgesetz

$$F = K_g \frac{m_1\,m_2}{r^2} \tag{2}$$

angegeben und deren systematische Ableitung aus den Naturerfahrungen untersucht. Dabei wurden gemäß der abgeleiteten Forderung immer nur dort neue Grundgrößen eingeführt, wo eine Erklärung aus den bisher bekannten unmöglich erschien. Das waren die beiden Proportionalitätsfaktoren m und K_g. Alle weiteren Gleichungen der Mechanik stellen Definitionen dar, die keine neuen grundsätzlichen Erkenntnisse bringen. Es sind dies beispielsweise die Gleichungen

$v = \dfrac{s}{t}$ als Definitionsgleichung für die Geschwindigkeit,

$I = F\,t = m\,v$ als Definitionsgleichung für den Impuls,

$A = F\,s$; $W = \dfrac{m\,v^2}{2}$ als Definitionsgleichung für die Arbeit und Energie,

$P = \dfrac{A}{t}$ als Definitionsgleichung für die Leistung,

$I = m\,r^2$ als Definitionsgleichung für das Trägheitsmoment

usw.

Zu ihrer Aufstellung sind keine weiteren Grundgrößen notwendig gewesen.

In den beiden Gln. (1) und (2) sind fünf Größen enthalten; es müssen also in der Mechanik $5 - 2 = 3$ Größen als Grundgrößen gewählt werden. Welche dies sind, ist zunächst noch völlig gleichgültig. Bevor eine solche Wahl durchgeführt werde, soll aber auf noch eine zunächst abgeleitete Größe hingewiesen werden, die später bei der Aufstellung eines universellen Dimensionssystems eine wertvolle Hilfe bilden wird. Es ist dies die Wirkung. Als Wirkung wird das Produkt

$$[\mathrm{H}] = [\mathrm{W}]\,[\mathrm{t}] \tag{3}$$

aus Energie und Zeit bezeichnet. Sie kann aber auch als das Produkt aus Impuls und Weg dargestellt werden. In der Physik und Technik erscheint diese Größe ziemlich vernachlässigt, obwohl sie im PLANCKschen Wirkungsquantum einen überaus bedeutsamen Vertreter hat. Es sei daher auf diese wichtige Größe etwas näher eingegangen, um sie der Anschauung zugänglicher zu machen.

Die in einem abgeschlossenen System vorhandene Energie W besteht im allgemeinen aus einem kinetischen Anteil W_k und einem potentiellen Anteil W_p. Die Differenz

$$L = W_k - W_p = 2\,W_k - W$$

wird LAGRANGEsche Funktion genannt. Ihr Zeitintegral

$$\int L\,\mathrm{d}t = H$$

wird als Wirkung bezeichnet. Die Bedeutung dieser Größe zeigt sich in dem von HAMILTON angegebenen Prinzip von der kleinsten Wirkung, wonach von allen in einem bestimmten Fall möglichen, unendlich benachbarten Bewegungen, die in derselben Zeit das betrachtete System vom gleichen Anfangs- in den gleichen Endzustand überführen, immer jene zustande kommt, bei der die Wirkung einen Extremwert annimmt, bei der also

$$\delta H = \delta \int_{t_1}^{t_2} L\,\mathrm{d}t = 0$$

ist.

Eine weitere bedeutungsvolle Eigenschaft der Wirkung ist ihr Zusammenhang mit dem Impuls und der Gesamtenergie des Systems. Man findet leicht, daß der Impuls

$$m\,v = \frac{\partial H}{\partial s} = \operatorname{grad} H$$

als partielle Ableitung der Wirkung nach dem Weg in der Bewegungsrichtung, oder dem Gradienten der Wirkung, gleich ist. In gleicher Weise läßt sich zeigen, daß die zeitliche Abnahme der Wirkung

$$- \frac{\partial H}{\partial t} = W$$

der Gesamtenergie des Systems gleichkommt.

Schon diese Beispiele zeigen, daß die Wirkung eine Größe darstellt, die bevorzugt zur Ableitung einer Reihe anderer Größen geeignet erscheint, die also insbesondere als Grunddimension besondere Vorteile verspricht. Das wird sich in hervorragendem Maße im Zusammenhang mit den elektrischen Maßsystemen zeigen, worauf in § 421 noch besonders einzugehen sein wird.

§ 412 Das physikalische Maßsystem

Das sogenannte physikalische Maßsystem ist die älteste systematische Zusammenstellung von Dimensionen und Einheiten. Es ist ein $\dfrac{l\,t\,m}{cm\,s\,g}$-System mit den Grunddimensionen Länge, Zeit, Masse und den Grundeinheiten Zentimeter, Sekunde, Gramm. Die übrigen Einheiten des Systems sind die aus den Grundeinheiten abgeleiteten Einheiten:

Die Krafteinheit 1 dyn $= 1\,\mathrm{g\,cm\,s^{-2}}$,
die Arbeitseinheit 1 erg $= 1\,\mathrm{dyn\,cm} = 1\,\mathrm{g\,cm^2\,s^{-2}}$,
die Leistungseinheit 1 Watt $= 10^7\,\mathrm{erg\,s^{-1}} = 10^7\,\mathrm{g\,cm^2\,s^{-3}}$.

Die Leistungseinheit ist keine kohärente Einheit ($\zeta = 10^7$), das System also kein natürliches. Es wird auch noch eine zweite, nicht-kohärente Arbeitseinheit verwendet, nämlich die Arbeitseinheit 1 Joule$= = 10^7$ erg, so daß auch

$$1\,\mathrm{W} = 1\,\mathrm{J\,s^{-1}}.$$

Das System ist angeknüpft an die folgenden Urmaße:

1. Das Urmeter, dessen Definition bereits im § 313 gegeben wurde. Die Grundeinheit Zentimeter ist der hundertste Teil dieses Urmeters, das, wie schon ausgeführt wurde, kein Naturmaß, sondern ein Prototyp ist.

2. Der mittlere Sonnentag als der 365,25ste Teil des tropischen Sonnenjahres (einmaliger Umlauf der Erde um die Sone). Der 86 400ste Teil dieses Zeitabschnittes gibt die Grundeinheit Sekunde. Die Sekunde ist also von einem Naturmaß abgenommen.

3. Das Urkilogramm als Masse des in Sèvres bei Paris aufbewahrten Platinzylinders. Der tausendste Teil dieser Masse ist die Grundeinheit Gramm. Das Urkilogramm sollte ursprünglich der Masse eines Kubikdezimeters Wasser von 4 °C gleich sein, was natürlich nur bis zu einem gewissen Grad erreicht werden konnte. Das Urkilogramm ist also ebenfalls kein Naturmaß, sondern ein Prototyp.

Tab. 1 gibt eine Zusammenstellung der wichtigsten Größen, ihrer Dimensionen und Einheiten im physikalischen Maßsystem. Fettdruck bedeutet hiebei Grunddimension, bzw. Grundeinheit.

Tabelle 1. *Physikalisches Maßsystem der Mechanik*

Größe	Dimension	Einheit	andere, gebräuchliche Einheiten
Länge	**[l]**	**cm**	$1\,\mathrm{m} = 10^2\,\mathrm{cm}$
Zeit	**[t]**	**s**	$1\,\mathrm{min} = 60\,\mathrm{s},\ 1\,\mathrm{h} = 3600\,\mathrm{s}$
Masse	**[m]**	**g**	
Kraft	$[m]\,[l]\,[t]^{-2}$	$1\,\mathrm{g\,cm\,s^{-2}} = \mathrm{dyn}$	$1\,\mathrm{kg^*} \equiv 1\,\mathrm{kp} = 9,806\,65 \cdot 10^5\,\mathrm{dyn}$
Arbeit, Energie	$[m]\,[l]^2\,[t]^{-2}$	$1\,\mathrm{dyn\,cm} = \mathrm{erg}$	$1\,\mathrm{J} = 10^7\,\mathrm{erg}$
Leistung	$[m]\,[l]^2\,[t]^{-3}$	$10^7\,\mathrm{erg\,s^{-1}} = \mathrm{W}$	

Um die Einheit Kilogramm (-masse) von der Einheit Kilogramm (-gewicht) zu unterscheiden — die erstere ist eine Masseneinheit, die letztere eine Krafteinheit — kennzeichnet man die Krafteinheit Kilogramm oft durch einen Stern am Einheitszeichen. Besser ist aber die in neuerer Zeit eingeführte neue Bezeichnung Kilopond, die eine Verwechslung mit der Masseneinheit verhindert. Es ist dann also mit der Erdbeschleunigung $g = 9{,}806\,65$ m s^{-2}

$$(1\ \text{kg}^*) \equiv 1\ \text{kp} = 1\ \text{kg} \cdot 9{,}806\,65\ \text{m s}^{-2} = 9{,}806\,65 \cdot 10^5\ \text{g cm s}^{-2} =$$
$$= 9{,}806\,65 \cdot 10^5\ \text{dyn}.$$

§ 413 Das technische Maßsystem

Das technische Maßsystem verwendet als Grunddimensionen Länge, Zeit und Kraft. Da sich ferner die Einheiten Zentimeter und Pond für technische Belange als häufig zu klein erwiesen haben, wurden hier die größeren Einheiten Meter und Kilopond neben der Sekunde als Grundeinheiten gewählt. Das technische Maßsystem ist also ein $\dfrac{1\,t\,F}{m\,s\,kp}$ System. Es ist ebenfalls kein natürliches System, weil es auch noch nichtkohärente Einheiten benützt. Die Dimensionen und Einheiten sind in Tab. 2 zusammengestellt.

Tabelle 2. *Technisches Maßsystem der Mechanik*

Größe	Dimension	Einheit	andere, gebräuchliche Einheiten
Länge	$[l]$	m	1 cm $= 10^{-2}$ m 1 km $= 10^3$ m
Zeit	$[t]$	s	1 min $= 60$ s 1 h $\ = 3600$ s
Kraft	$[F]$	kp	
Masse	$[F]\,[l]^{-1}\,[t]^2$	$\dfrac{1}{9{,}81}$ kp m^{-1} s$^2 =$ kg	
Arbeit, Energie	$[F]\,[l]$	1 kp . m $=$ kpm	
Leistung	$[F]\,[l]\,[t]^{-1}$	kp m s^{-1}	1 PS $= 75$ kpm s^{-1}

Bezüglich der Einführung des Kilopond wurde bereits alles Erforderliche in § 412 gesagt. Die Umbenennung des Kilogramm-Gewichtes in Kilopond hat natürlich keinen Einfluß auf das Maßsystem als solches.

§ 414 Das Kalantaroffsche Dimensionssystem

Aus Gründen, die sich bei der Besprechung der Elektrizitätslehre zeigen werden, wurde bei diesem System an Stelle der Masse oder der Kraft die Wirkung als dritte Grunddimension verwendet. Es ergibt sich dann das folgende, sehr klare Dimensionssystem.

Tabelle 3. *Das Kalantaroffsche Dimensionssystem*

Größe	Dimension
Länge	$[l]$
Zeit	$[t]$
Wirkung	$[\mathbf{H}]$
Masse	$[H]\,[l]^{-2}\,[t]$
Kraft	$[H]\,[l]^{-1}\,[t]^{-1}$
Arbeit, Energie	$[H]\,[t]^{-1}$
Leistung	$[H]\,[t]^{-2}$

Man kann dazu die Einheiten eines beliebigen Dreiersystems nehmen, um ein brauchbares Maßsystem zu erhalten. Besonders geeignet erscheint das Einheitensystem, das im nächsten Abschnitt besprochen werden soll.

§ 415 Das natürliche m s kg - System

Dieses System benützt als Grundeinheiten das Meter, die Sekunde und das Kilogramm. Die übrigen Einheiten sind die aus diesen abgeleiteten kohärenten Einheiten. Sie sind in Tab. 4 zusammengestellt.

Tabelle 4. *Die natürlichen* m s kg-*Einheiten*

Größe	Einheit	
	Bezeichnung	Definition
Länge	**m**	
Zeit	**s**	
Masse	**kg**	
Kraft	N	$1\,\mathrm{N} = 1\,\mathrm{kg\,m\,s^{-2}}$
Arbeit, Energie	J	$1\,\mathrm{J} = 1\,\mathrm{N\,m}$
Leistung	W	$1\,\mathrm{W} = 1\,\mathrm{J\,s^{-1}}$

Alle Einheiten erscheinen gleichwertig; die Grundeinheiten sind als solche nur hervorgehoben, weil sie an die Urmaße Urmeter, mittlerer Sonnentag und Urkilogramm angeknüpft sind.

Das Newton (N) ist die Kraft, die der Kilogramm-Masse 1 kg die Beschleunigung von $1\,\mathrm{m\,s^{-2}}$ erteilt. Da 1 Kilopond bei derselben Masse die Beschleunigung von $9{,}806\,65\,\mathrm{m\,s^{-2}}$ verursacht, ist

$$1\,\mathrm{N} = \frac{1}{9{,}806\,65}\,\mathrm{kp}.$$

Das Newton ist also eine ungefähr zehnmal so kleine Einheit als das Kilopond.   Die Umrechnungszahl 9,806 65 ist vereinbarungsgemäß festgesetzt worden.   Sie wurde von der Erdbeschleunigung g abgeleitet und kommt in das technische Maßsystem, weil dort die Krafteinheit Grundeinheit ist, aber an das Prototyp des Urkilogramms angeknüpft wurde.   Die Verknüpfung lautet also

$$1 \text{ Krafteinheit} = g \times 1 \text{ kg,}$$

und es ist daher diese Krafteinheit zunächst abhängig von der Erdbeschleunigung, die bekanntlich an den einzelnen Orten der Erde verschieden ist.   Wenn die Unterschiede für die praktischen Messungen auch vernachlässigbar klein sind, so ist die Krafteinheit im technischen Maßsystem zunächst noch keine Konstante, weshalb man für das Kilopond den festen Umrechnungsfaktor 9,806 65 festgelegt hat. Damit ergibt sich für die Gewichtsbestimmung eines Körpers folgende Umrechnung. Ist an einem bestimmten Ort das Gewicht des Körpers (mit einer Federwaage) gemessen worden, so ist dieses nach

$$G_g = m\,g$$

durch die an diesem Ort vorhandene Erdbeschleunigung bestimmt. Als Normgewicht bezeichnet man das von der örtlichen Erdbeschleunigung unabhängige Gewicht

$$G_n = m\,g_n,$$

wobei $g_n = 9{,}806\ 65 \text{ m s}^{-2}$ definiert wird.   Man erhält also das Normgewicht eines Körpers, wenn man sein gemessenes Gewicht mit dem Quotienten aus dem Normwert der Fallbeschleunigung und der Fallbeschleunigung am Ort des Körpers multipliziert:

$$G_n = G_g \frac{g_n}{g}\,.$$

Das Normgewicht von 1 Kilogramm ist also 1 Kilopond.

§ 42 Die Maßsysteme der Elektrizitätslehre

§ 421 Allgemeines

In der Elektrizitätslehre werden zunächst auch sämtliche Größen der Mechanik benötigt.   Es sind also dort alle drei Grundgrößen der Mechanik erforderlich.   Geht man nun nach den Regeln des § 321 vor, so muß man mit der Feststellung elektrischer Eigenschaften durch den primitiven Beobachter beginnen.   Diese Feststellungen, denen etwa der FARADAYsche Becherversuch entspricht, gipfeln zunächst in der Erkenntnis, daß es eine Mengengröße Elektrizität gibt, die übertragbar ist und auf gleichartige Größen Kräfte ausübt.   Es besteht für den Beobachter aber keine Möglichkeit, diese Größe aus den ihm bisher bekannten mechanischen Größen abzuleiten, oder sie aus ihnen zu erklären.   Er ist also gezwungen, sie als weitere Grundgröße einfach hinzunehmen.

Die nächste Aufgabe kann nur die sein, über die Art der aufgefundenen Kräfte Klarheit zu erhalten. Systematisch angestellte Versuche mit konzentrierten Ladungen ergeben eine Proportionalität der Kraft zwischen zwei Ladungen mit der Größe der Ladungen und dem Kehrwert des Quadrates ihres gegenseitigen Abstandes. Der Beobachter erhält damit das PRIESTLEYsche (COULOMBsche) Gesetz

$$F = K_e \frac{Q_1 Q_2}{r^2}, \tag{1}$$

worin Q_1 und Q_2 die elektrischen Ladungen als neue Grundgrößen und K_e einen Proportionalitätsfaktor bedeutet, der nach § 24 gesetzt werden muß, da es sich ja um eine experimentell erhaltene Abhängigkeit und keine willkürliche Definition handelt.

Nach Einführung der elektrischen Ladung in das System der Grundbegriffe können alle weiteren, zur Beschreibung der elektrischen Erscheinungen notwendigen Gleichungen angeschrieben werden, ohne daß es notwendig ist, eine zusätzliche Grundgröße einzuführen. Alle Größen, wie etwa

$$\text{die elektrische Feldstärke} \quad \mathfrak{E} = \frac{\mathfrak{F}}{Q},$$

$$\text{die elektrische Spannung} \quad U = \int \mathfrak{E} \, d\mathfrak{s},$$

$$\text{die Verschiebung} \quad \mathfrak{D} = \frac{Q}{\mathfrak{A}},$$

$$\text{die Kapazität} \quad C = \frac{Q}{U},$$

$$\text{die Stromstärke} \quad I = \frac{dQ}{dt},$$

$$\text{der elektrische Widerstand} \quad R = \frac{U}{I}$$

können aus den jetzt bekannten vier Grundgrößen abgeleitet, also definiert werden. Es ist zu ihrer Einführung keinerlei Experiment erforderlich. Das letztere gilt allerdings mit einer gewissen Einschränkung, auf die sofort eingegangen werden soll. Vorerst muß aber noch etwas über die Proportionalitätskonstante K_e gesagt werden, die nach § 24 entweder eine Naturkonstante ist oder eine solche enthält.

Nach der Definition der Feldstärke ist diese nach (1) am Ort der Ladung Q_2, herrührend von der Ladung Q_1

$$\mathfrak{E} = \frac{\mathfrak{F}}{Q_2} = K_e \frac{Q_1}{r^2}.$$

Andererseits ist nach der Definition der Verschiebung das Hüllenintegral der Verschiebung gleich der von der Hülle eingeschlossenen Ladung. Für eine um die Ladung Q_1 gelegte Kugel vom Halbmesser r gilt also

$$\mathfrak{D} \cdot 4\pi r^2 = Q_1.$$

Damit wird auch

$$\mathfrak{E} = 4\pi\, K_e \mathfrak{D}$$

und

$$\mathfrak{D} = \frac{1}{4\pi\, K_e}\, \mathfrak{E}.$$

Da der Zusammenhang zwischen $\mathfrak{D}$ und $\mathfrak{E}$ oft gebraucht wird, kann jetzt

$$\frac{1}{4\pi\, K_e} = \varepsilon_0 \tag{2}$$

gesetzt, also die Große ε_0 neu definiert werden, um die Gleichungen einfacher schreiben zu können. Natürlich sind jetzt K_e und ε_0 beide gleichwertig und grundsätzlich gleich gut zur Beschreibung der einschlägigen Gesetze geeignet und es kann nachträglich auch ε_0 als die beschriebene Naturkonstante und K_e aus ihr abgeleitet angesehen oder vielleicht überhaupt aufgelassen werden. Das ist bekanntlich auch der Fall und man bezeichnet ja ε_0 als die Influenzkonstante, die eine fundamentale Konstante des leeren Raumes darstellt. Sie hat natürlich als Größe eine Dimension, nämlich

$$[\varepsilon_0] = [\mathrm{K}_e]^{-1} = [\mathfrak{D}]\,[\mathfrak{E}]^{-1} = [Q]\,[l]^{-2}\,[F]^{-1}\,[Q] = [Q]^2\,[m]^{-1}\,[l]^{-3}\,[t]^2 \tag{3}$$

und einen bestimmten, aus genauen Messungen feststellbaren Wert

$$\varepsilon_0 = 8{,}859 \cdot 10^{-12}\, \frac{\mathrm{A\,s}}{\mathrm{V\,m}}. \tag{4}$$

Nun sei noch auf die erwähnte Einschränkung bezüglich der Befragung in Experimenten hingewiesen. Neben den Grundgesetzen befaßt sich die Physik und Technik auch mit den Materialeigenschaften und hier ist selbstverständlich ebenfalls nur eine experimentelle Untersuchung im Stande, Zahlenwerte zu ermitteln. Es handelt sich dabei aber um keine Größen neuer Art, sondern um das Verhältnis einer dem betrachteten Material eigentümlichen Größe zur gleichartigen in einem Bezugsmaterial. Ein Beispiel hiefür ist die Dielektrizitätskonstante ε eines bestimmten Stoffes, die in Beziehung gebracht wird zur Influenzkonstanten ε_0, das ist zur Dielektrizitätskonstanten des Vakuums. Man schreibt also

$$\varepsilon = E\,\varepsilon_0,$$

und die Dielektrizitätszahl E ist dann eine charakteristische Materialkonstante ohne Dimension, deren Zahlenwert nur durch das Experiment gefunden werden kann. Natürlich darf man aber auch das mit Dimension behaftete ε als Materialkonstante auffassen. Das zu seiner Ermittlung notwendige Experiment hat jetzt aber keinerlei Bedeutung im Sinne der Bestimmung des Grades eines Maßsystems. Erkenntlich ist das sofort daran, daß in den Gleichungen, nach denen ε oder E ermittelt werden soll, alle übrigen Größen schon bekannt sind, also ähnlich wie bei den Definitionsgleichungen nur e i n e neue Größe auftritt, während es bei den Proportionalitäten immer mehrere sind.

Das gleiche gilt auch immer dann, wenn auf Grund eines experimentellen Befundes nur eine Größe neu eingeführt werden muß, die dann aus den anderen definiert erscheint. Als Beispiel sei das Ohmsche Gesetz $U = IR$ angeführt, das, durch ein Experiment erhalten, die Proportionalität zwischen Strom und Spannung darstellt. Der Proportionalitätsfaktor R ist eine Materialkonstante, die sich bekanntlich noch auf die Konstante ϱ über die Beziehung $\varrho = RA/l$ zurückführen läßt. Die so erhaltene Größe des spezifischen Widerstandes stellt zwar eine Bereicherung der elektrotechnischen Anschauungen dar, ergibt aber in Ansehung der Frage des Grades des Maßsystems keine neue Erkenntnis, sondern nur eine weitere, im Sinne einer Definition erhaltene Größe.

Von besonderer Bedeutung für die Maßsystembildung in der Elektrizitätslehre wurden die magnetischen Erscheinungen. Hier hat sich in der historischen Entwicklung eine Analogiebetrachtung als äußerst verhängnisvoll erwiesen, weil sie wegen ihrer bestechenden Einfachheit so sehr in das Gedankengut von Generationen von Physikern und Technikern eingedrungen ist, daß es heute schwer fällt, Richtiges von Falschem zu unterscheiden. Hilfe bringt auch hier nur die Besinnung auf die Ausgangsbetrachtungen des primitiven Beobachters, wie es jetzt schon wiederholt gemacht wurde. Zunächst sei aber auf den unheilvollen Ausgangspunkt der Analogiebetrachtung kurz eingegangen.

Als man die ersten magnetischen Erscheinungen entdeckte, fand man ähnlich wie bei elektrisch geladenen Körpern Kräfte zwischen magnetischen Körpern. Es war also naheliegend, auch den Magnetismus als Mengengröße aufzufassen und analog zu den elektrischen Ladungen magnetische Mengen anzunehmen. Für diese ergab sich dann aus dem Experiment mit langen Magnetstäben das dem PRIESTLEYschen Gesetz analoge COULOMBsche Gesetz

$$F = K_m \frac{M_1 M_2}{r^2}, \tag{5}$$

in dem M_1 und M_2 die magnetischen Mengen und K_m eine der Konstanten K_e analoge Proportionalitätskonstante bedeuten. Das Verhängnis bei dieser Setzung war die Annahme der magnetischen Mengen, die zwar im Gesetz (5) eine formale Analogie zu den elektrischen Ladungen im PRIESTLEYschen Gesetz zeigten, deren Postulierung als selbständige Mengengrößen aber unberechtigt war. Es fehlen diesen Größen nämlich die typischen Attribute der Mengengrößen, nämlich die Übertragbarkeit von einem Träger auf einen anderen, die Mengenkonstanz, die Unzerstörbarkeit usw. Wenn auch zu Anfang der Entdeckung der Erscheinung des Magnetismus noch eine gewisse Berechtigung bestand, die magnetischen Erscheinungen vorläufig in magnetischen Mengen analog den elektrischen Ladungen zu manifestieren, so mußte diese Ansicht revidiert werden, als man erkannte, daß der Magnetismus keine eigenlebige Erscheinung ist, sondern nur eine Komponente der allgemeinen elektrischen Erscheinungen. Sobald dies erkannt wurde, mußte versucht und untersucht werden, ob es nicht gelingt, die magnetischen

Größen aus den bisher bekannten abzuleiten. Erst wenn das mißlingt, besteht die Berechtigung — und natürlich auch die Notwendigkeit — zur Einführung einer neuen Grundgröße. Das ist nun leider übersehen worden und hat zu einer Flut von Diskussionen und Verwirrungen Veranlassung gegeben, die bis in die heutige Zeit andauern und ihren Spuk treiben.

Tatsächlich gelingt nun aber die Ableitung der magnetischen Größen aus den elektrischen ohne Schwierigkeit und sie stellt sich in einem der bekanntesten Gesetze der theoretischen und praktischen Elektrotechnik dar. Bringt man nämlich zwischen die Pole eines Magneten eine elektrische Ladung Q, die mit der Geschwindigkeit v senkrecht zur Polachse bewegt wird, so zeigt die Erfahrung, daß auf die Ladung eine Kraft wirkt, die senkrecht zur Bewegungsrichtung und zur Polachse steht. Systematische Untersuchungen mit dem gleichen Magneten, aber mit verschiedenen Ladungen und Geschwindigkeiten ergeben eine Proportionalität der auftretenden Kraft mit der Ladung und der Geschwindigkeit. Das Gesetz stellt sich also in der Form

$$F = BQv \qquad (6)$$

dar, in der B den Proportionalitätsfaktor vorstellt, dessen physikalische Bedeutung noch festzustellen ist. Über diese Bedeutung kann aber kein Zweifel bestehen, wenn man weiß, daß sich die Erscheinung nur im Felde des Magneten abspielt. Da die Kraftwirkung bei gleichen Q und v bei verschiedenen Magneten verschieden ausfällt, kann dem B nur die Bedeutung der Stärke des magnetischen Feldes zukommen und Q und v sind, sofern sie konstant gehalten werden, das Versuchsobjekt zum Ausmessen magnetischer Felder. Die magnetische Feldstärke B ist damit zu einer sehr wichtigen, aber nicht zu einer Grundgröße geworden. Sie ist vielmehr nach

$$[B] = [F]\,[Q]^{-1}\,[v]^{-1} = [Q]^{-1}\,[m]\,[t]^{-1} \qquad (7)$$

aus den bereits bekannten Größen ableitbar. Damit ist aber auch der „Zusammenhang" zwischen den elektrischen und magnetischen Größen hergestellt und es bedarf keiner neuen, aus den bekannten Größen nicht ableitbaren Naturkonstanten, um diesen Zusammenhang darzustellen.

Alle weiteren magnetischen Größen sind jetzt ebenfalls ableitbar und es soll hier nur noch der Vollständigkeit halber die weitere magnetische Größe H und ihr Zusammenhang mit B definiert und untersucht werden. Dazu diene die Erfahrung, daß magnetische Felder auch durch stromdurchflossene Spulen ersetzt werden können. Sieht man also an Stelle des Dauermagneten im vorhin beschriebenen Versuch eine vom elektrischen Strom I durchflossene Spule mit N auf einer Länge l angeordneten Windungen vor, so stellt sich dieselbe Wirkung ein; in die Proportion gehen jetzt aber noch I, N und $1/l$ ein, so daß man schreiben muß

$$F = \mu\,\frac{IN}{l}\,Qv. \qquad (8)$$

Der Proportionalitätsfaktor ist jetzt natürlich ein anderer und wurde mit μ bezeichnet. Die Größe

$$H = \frac{I\,N}{l} \tag{9}$$

kommt auch in anderen Gleichungen häufig vor und hat daher einen eigenen Buchstaben und Namen bekommen. Sie stellt die auf die Längeneinheit bezogene „Amperewindungszahl" des erregenden Stromes dar und wird daher am besten mit **magnetischer Erregung** bezeichnet. An jeder Stelle eines magnetischen Feldes kann eine Ersatzspule gedacht werden, deren Erregung H als Ursache für die an der Stelle auftretende Feldstärke anzusehen ist. Es ist dann die magnetische Erregung noch „elektrische" Größe, während die magnetische Feldstärke, die sich aus dem Vergleich von (8) mit (6) zu

$$B = \mu\,H \tag{10}$$

ergibt, die eigentliche „magnetische" Größe ist. Die Proportionalitätskonstante μ vermittelt also wieder den Zusammenhang zwischen den elektrischen und magnetischen Erscheinungen. Sie ist analog wie ε eine Materialkonstante und heißt bekanntlich Permeabilität des betrachteten Stoffes. Für das Vakuum ist

$$\mu_0 = 1{,}256 \cdot 10^{-6} \frac{\mathrm{V\,s}}{\mathrm{A\,m}}, \tag{11}$$

μ_0 wird dann Induktionskonstante genannt. Das Verhältnis $\mu/\mu_0 = м$ ist wieder eine reine Zahl und heißt Permeabilitätszahl.

Der Vollständigkeit halber seien noch die Dimensionen von H und μ angeführt. Sie ergeben sich aus (9) und (10) sofort zu

$$[\mathrm{H}] = [\mathrm{Q}]\,[\mathrm{t}]^{-1}\,[\mathrm{l}]^{-1} \tag{12}$$

und

$$[\mu] = [\mathrm{B}]\,[\mathrm{H}]^{-1} = [\mathrm{Q}]^{-2}\,[\mathrm{l}]\,[\mathrm{m}]. \tag{13}$$

Auf dem magnetischen Gebiet werden noch die Größen

$$\text{magnetischer Fluß} \quad \Phi = \oint \mathfrak{B}\,d\mathfrak{A}$$

und

$$\text{Induktivität} \quad L = \frac{\Phi}{I}$$

verwendet, die jetzt als unmittelbar abgeleitete Größen erscheinen.

Als wesentliches Ergebnis dieses Kapitels kann gesagt werden, daß zur Beschreibung der elektromagnetischen Erscheinungen ein Vierersystem notwendig und hinreichend ist und somit sowohl ein Dreier- als auch ein Fünfersystem zu den in § 322 beschriebenen Schwierigkeiten führen muß.

§ 422 Vierersysteme

§ 4221 *Das natürliche $\dfrac{Q\,\Phi\,l\,t}{\mathrm{m\,s\,kg\,A}}$ System*

Dieses System hat sich wegen seiner guten Brauchbarkeit in letzter Zeit in Physik und Technik weitestgehend eingebürgert, vor allem wegen seines Einheitensystems, das die oft so genannten GIORGISchen Einheiten enthält und einfach das durch die elektrische Grundeinheit Ampere erweiterte m s kg-Einheitensystem darstellt. Diese vierte Grundeinheit wird an ein viertes Urmaß angebunden, das zu den Urmaßen Urmeter, mittlerer Sonnentag und Urkilogramm der mechanischen Systeme hinzutritt. Dieses vierte Urmaß ist die Induktionskonstante (Permeabilität des Vakuums), also eine Naturkonstante und damit ein Naturmaß. Die Anknüpfung des Ampere erfolgt nach der folgenden Definition:

Das Ampere ist die Stärke des Stromes, der durch zwei geradlinige, dünne und unendlich lange Leiter, die in einer Entfernung von 1 Meter parallel zueinander im leeren Raum angeordnet sind, unveränderlich fließend bewirken würde, daß die beiden Leiter aufeinander eine Kraft von $2\cdot10^{-7}$ Newton je Meter Länge ausüben.

Die Definition entstammt dem sogenannten Ampereschen Gesetze

$$F = \frac{\mu_0}{2\,\pi}\frac{I_1\,I_2}{d}\,l\,, \tag{1}$$

das die Kraft zwischen zwei parallelen, stromdurchflossenen Leitern beschreibt. I_1 und I_2 sind die beiden Stromstärken, d die Entfernung der Leiter voneinander und l deren betrachtete Länge. Wird nun μ_0 als Urmaß gewählt, so heißt das zunächst nur, daß damit ein Objekt in der Natur festgelegt wurde, an das eine Grundeinheit angeknüpft werden soll. Dieses Objekt hat natürlich zunächst keine Maßzahl und Einheit, da eine solche ja erst definiert werden soll. So war ja auch beim Urmaß der Zeit der mittlere Sonnentag zunächst ohne Maßzahl und Einheit, nämlich bloß ein Objekt in der Natur zur Anknüpfung einer Grundeinheit der Zeit. Erst als man den 86 400sten Teil des mittleren Sonnentages als Sekunde definierte, erhielt auch dieser erst den Zahlenwert 86 400 und die Einheit Sekunde. Man hätte natürlich ebensogut eine andere Einheit definieren können, zum Beispiel den 1440sten Teil des mittleren Sonnentages, der dann etwa die Bezeichnung Minute erhalten hätte, oder den 240 000sten Teil mit vielleicht der Bezeichnung Neusekunde. Der mittlere Sonnentag hätte dann — obwohl er ja immer derselbe bleibt — das Ausmaß 1440 Minuten oder 240 000 Neusekunden bekommen.

In analoger Weise läßt sich natürlich auch von μ_0 noch völlig beliebig eine Grundeinheit ableiten. Ist diese einmal definiert, dann kann man hinterher in dieser Einheit das Ausmaß von μ_0 angeben. Natürlich kann man auch so vorgehen, daß man die Einheit so wählt, daß die Maßzahl des neuen Urmaßes einen bestimmten Wert erhält. Bei der

heutigen Definition des Ampere ist man so vorgegangen und wählte
die Stromeinheit so, daß die Maßzahl von μ_0

$$\{\mu_0\} = 4\pi \cdot 10^{-7}$$

wurde. Es ist dies der Zahlenwert, der schon in den älteren Dreiermaß-
systemen genannt wurde, so daß mit der neuen Definition keine zahlenmäßigen Umrechnungen notwendig wurden. Mit dieser Maßzahl wird
die Kraft F, wenn man die sich aus (1) für μ_0 ergebende Einheit

$$(\mu_0) = (F)\,(I)^{-2}$$

berücksichtigt,

$$F = \frac{4\pi}{2\pi} \cdot 10^{-7} \frac{I^2}{d}\, l\,(I)^{-2}\,(F) = 2 \cdot 10^{-7} \frac{\{I\}^2}{d}\, l\,(F).$$

Setzt man nun $l = d = 1\,m$, so wird

$$F = 2 \cdot 10^{-7}\,\{I\}^2 \text{ Newton,}$$

also $F = 2 \cdot 10^{-7}$ N, wenn $\{I\} = 1$ ist, womit die Definition des Ampere
seine Begründung erhalten hat.

Mit $\mu_0 = 4\pi\,10^{-7}\,\dfrac{V\,s}{A\,m}$ und der Beziehung

$$c^2 = \frac{1}{\varepsilon_0 \mu_0}$$

zur Lichtgeschwindigkeit c im Vakuum erhält man dann auch für die
Influenzkonstante

$$\varepsilon_0 = \frac{1}{c^2\,\mu_0} = \frac{1}{4\pi\,\{c\}^2}\,10^7\,\frac{A\,s}{V\,m}, \tag{2}$$

wobei

$$\{c\} = 2{,}997\,76 \cdot 10^8$$

ist.

Es ist hier auch der Ort, um die Wahl der Wirkung H als dritte
Grunddimension im Kalantaroffschen Dimensionssystem der Mechanik
zu rechtfertigen. Die Wirkung stellt sich nämlich als Produkt aus
elektrischer Ladung und magnetischem Fluß dar, so daß mit

$$[H] = [Q]\,[\Phi] \tag{3}$$

beim Übergang von der Mechanik zur Elektromagnetik nicht eine neue,
vierte Grunddimension hinzugefügt, sondern die bisher verwendete
Grunddimension Wirkung in die zwei elektromagnetischen Faktoren
Ladung und magnetischer Fluß aufgespalten wird. Das ist ein überaus
befriedigendes und physikalisch klares Ergebnis, das vor allem auch
darauf hinweist, daß nicht zwei Gebiete Mechanik und Elektromagnetik
nebeneinander existieren, sondern daß, unserer heutigen Anschauung
von einem elektromagnetischen Gesamtbild der Natur entsprechend, die
Mechanik in der Elektromagnetik vollständig enthalten ist, daß in ihr
aber die Größen Q und Φ stets nur als Produkt $H = Q\,\Phi$ vorkommen.
Bedenkt man noch, daß für Q und Φ im Elektron und Magneton in der
Natur konstante Repräsentanten vorhanden sind, so bekommt die
Kalantaroffsche Darstellung den Wert besonderer Lebendigkeit.

Tabelle 5. *Das natürliche* $\dfrac{Q\,\Phi\,1\,t}{m\,s\,kg\,A}$-*System*

| Größe | | Dimension | Einheit | | Anmerkung |
Name	Sym-bol		Name	Sym-bol	
Länge	l	$[\mathbf{l}]$	Meter	$\mathbf{m}$	
Zeit	t	$[\mathbf{t}]$	Sekunde	$\mathbf{s}$	
Masse	m	$[H]\,[l]^{-2}\,[t]$	Kilogramm	$\mathbf{kg}$	
Kraft	F	$[H]\,[l]^{-1}\,[t]^{-1}$	Newton	N	$1\,N = 1\,kg\,m\,s^{-2}$
Arbeit, Energie	A, W	$[H]\,[t]^{-1}$	Joule	J	
Leistung	P	$[H]\,[t]^{-2}$	Watt	W	
Wirkung	H	$[\mathbf{H}] = [Q]\,[\Phi]$	Vorschlag: Planck	P	$1\,P = 1\,J\,s$
Elektrische Ladung	Q	$[\mathbf{Q}]$	Coulomb	C	
Magnetischer Fluß	Φ	$[\mathbf{\Phi}]$	Weber	Wb	
Stromstärke	I	$[Q]\,[t]^{-1}$	Ampere	$\mathbf{A}$	
Elektrische Spannung	U	$[\Phi]\,[t]^{-1}$	Volt	V	
Magnetische Erregung	H	$[Q]\,[l]^{-1}\,[t]^{-1}$			Als Einheit dient $1\,A\,m^{-1}$ ohne bes. Namen
Elektrische Feldstärke	E	$[\Phi]\,[l]^{-1}\,[t]^{-1}$			Als Einheit dient $1\,V\,m^{-1}$ ohne bes. Namen
Elektrische Verschiebung	D	$[Q]\,[l]^{-2}$			
Magnetische Feldstärke	B	$[\Phi]\,[l]^{-2}$	Vorschlag: Tesla	T	$1\,T = 1\,Wb\,m^{-2}$
Widerstand	R	$[Q]^{-1}\,[\Phi]$	Ohm	Ω	
Induktivität	L	$[Q]^{-1}\,[\Phi]\,[t]$	Henry	H	
Kapazität	C	$[Q]\,[\Phi]^{-1}\,[t]$	Farad	F	
Dielektrizitätskonstante	ε	$[Q]\,[\Phi]^{-1}\,[l]^{-1}\,[t]$			$\varepsilon_0 = \dfrac{1}{4\,\pi\,\{c\}^2} \cdot 10^7\,\dfrac{A\,s}{V\,m}$
Permeabilität	μ	$[Q]^{-1}\,[\Phi]\,[l]^{-1}\,[t]$			$\mu_0 = 4\,\pi\,10^{-7} \cdot \dfrac{V\,s}{A\,m}$
Lichtgeschwindigkeit		$c = 2{,}997\,76 \cdot 10^8\,m\,s^{-1}$			

In Tab. 5 sind die Dimensionen und Einheiten des Systems zusammengestellt, wobei je zwei homologe elektrische und magnetische Größen der übersichtlichen Vergleichsmöglichkeit wegen unmittelbar hintereinander aufgeführt wurden.

Ein Blick auf Tab. 5 beweist überzeugend die in diesem System erhaltenen besonders übersichtlichen und klaren Dimensionsausdrücke.

$$\text{§ 4222 } \textit{Das natürliche } \frac{U\,I\,l\,t}{m\,s\,V\,A}\textit{-System}$$

Dieses System ist ein zweites, sehr übersichtliches System, das ebenfalls die GIORGIschen Einheiten benützt. An Stelle der elektrischen Ladung Q und des magnetischen Flusses Φ werden hier aber die elektrische Spannung U und die Stromstärke I als Grunddimensionen gewählt. Auch diese beiden können als Faktoren durch Spaltung der Größe Leistung

$$P = U\,I$$

aufgefaßt werden, so daß eine ähnliche Betrachtungsweise stattfinden kann wie vorhin, wenn auch die Darstellungen aus [U], [I] und [P] weit weniger auf das physikalische Wesen der Größen hindeuten als die Dimensionen [Q], [Φ] und [H], fehlen hier doch auch tatsächliche, als Naturkonstante sich ergebende Repräsentanten in der Natur.

Tab. 6 zeigt die Dimensionen des Systems; die Einheiten sind schon in Tab. 5 enthalten, aus der sie unverändert übernommen werden können.

Tabelle 6. *Das* U I l t-*Dimensionssystem*

Größe	Dimension
Länge	$[l]$
Zeit	$[t]$
Masse	$[P]\,[l]^{-2}\,[t]^3$
Kraft	$[P]\,[l]^{-1}\,[t]$
Arbeit, Energie	$[P]\,[t]$
Leistung	$[\mathbf{P}] = [U]\,[I]$
Wirkung	$[P]\,[t]^2$
Elektrische Ladung	$[I]\,[t]$
Magnetischer Fluß	$[U]\,[t]$
Stromstärke	$[\mathbf{I}]$
Elektrische Spannung	$[\mathbf{U}]$
Magnetische Erregung	$[I]\,[l]^{-1}$
Elektrische Feldstärke	$[U]\,[l]^{-1}$
Elektrische Verschiebung	$[I]\,[l]^{-2}\,[t]$
Magnetische Feldstärke	$[U]\,[l]^{-2}\,[t]$
Widerstand	$[U]\,[I]^{-1}$
Induktivität	$[U]\,[I]^{-1}\,[t]$
Kapazität	$[U]^{-1}\,[I]\,[t]$
Dielektrizitätskonstante	$[U]^{-1}\,[I]\,[l]^{-1}\,[t]$
Permeabilität	$[U]\,[I]^{-1}\,[l]^{-1}\,[t]$

$$\S\ 4223\quad \textit{Das natürliche}\ \frac{\text{l t m Q}}{\text{m s kg A}}\ \textit{System}$$

Von den vielen, formal noch möglichen Vierersystemen sei noch ein System angeführt, bei dem zu den drei bestehenden mechanischen Grundgrößen Länge, Zeit und Masse als neue vierte Grundgröße die elektrische Ladung tritt. Da man wieder vorteilhaft die GIORGIschen Einheiten verwendet, genügt es, die Dimensionsausdrücke abzuleiten. Sie sind in Tab. 7 zusammengestellt. Da die mechanischen Größen bereits in der Tab. 1 enthalten sind, seien sie hier fortgelassen.

Tabelle 7. *Das* l t m *Q-Dimensionssystem*

Größe	Dimension
Elektrische Ladung	$[\mathbf{Q}]$
Magnetischer Fluß	$[m]\,[l]^2\,[t]^{-1}\,[Q]^{-1}$
Stromstärke	$[t]^{-1}\,[Q]$
Elektrische Spannung	$[m]\,[l]^2\,[t]^{-2}\,[Q]^{-1}$
Magnetische Erregung	$[l]^{-1}\,[t]^{-1}\,[Q]$
Elektrische Feldstärke	$[m]\,[l]\,[t]^{-2}\,[Q]^{-1}$
Elektrische Verschiebung	$[l]^{-2}\,[Q]$
Magnetische Feldstärke	$[m]\,[t]^{-1}\,[Q]^{-1}$
Widerstand	$[m]\,[l]^2\,[t]^{-1}\,[Q]^{-2}$
Induktivität	$[m]\,[l]^2\,[Q]^{-2}$
Kapazität	$[m]^{-1}\,[l]^{-2}\,[t]^2\,[Q]^2$
Dielektrizitätskonstante	$[m]^{-1}\,[l]^{-3}\,[t]^2\,[Q]^2$
Permeabilität	$[m]\,[l]\,[Q]^{-2}$

Man sieht, daß die Ausdrücke umfangreicher werden und vor allem aber kaum mehr direkte Schlüsse auf physikalische Wesensarten zulassen. Die Verwendung eines solchen Systems ist also kaum mehr zu rechtfertigen.

§ 4224 *Zusammenfassung*

Wie schon des öfteren erwähnt wurde, treten bei Verwendung von Größengleichungen keinerlei praktische Maßsystemschwierigkeiten auf. Das bezieht sich vor allem auf die benützten oder wählbaren Einheiten, da ja die Einheiten die fast ausschließlich bei den praktischen Aufgaben vorkommenden einschlägigen Begriffe sind. Wenn dabei also kein eigentliches Maßsystem zugrunde liegt — es fehlen ja besondere Dimensions- und Einheitensysteme —, so ist doch dessen Grad auch bei Verwendung beliebiger Einheiten versteckt enthalten, was sich darin äußert, daß Unzulänglichkeiten und Zweideutigkeiten nur dann vermieden werden, wenn der Grad den natürlichen Forderungen entspricht, wenn also die Einheiten irgendwie einem Vierersystem angehören. Das rudimentäre Maßsystem schrumpft in diesem Falle auf das System der Urmaße zusammen; daß heißt, es müssen beliebige vier Einheiten zu Grundeinheiten erklärt und an vier Urmaße angeknüpft werden. Das ist mit der weiteren Bestimmung, alle übrigen Einheiten irgendwie an Hand der bestehenden Größengleichungen und der aus ihnen abgenommenen Einheitengleichungen aus diesen Grundeinheiten abzuleiten, die einzige, aber auch notwendige Forderung. Die Einheiten sind dann im allgemeinen nicht kohärent und erlauben die Darstellung der Größen verschiedenster Ausdehnung in handlicher Form, ohne daß lange Zehnerpotenzen verwendet werden müssen. Da aber bei den numerischen Auswertungen in die Gleichungen auch die Einheiten eingesetzt werden müssen, ist man oft gezwungen, während der Rechnung oder am Schluß derselben Einheitenumrechnungen vorzunehmen.

Will man das vermeiden und will man überdies die vorhandenen Größengleichungen wie Maßzahlgleichungen verwenden, dann muß man kohärente Einheiten nehmen, womit jeder Größe eine und nur eine Einheit zugeordnet wird. Natürlich kann man auch jetzt bei numerischen Auswertungen im Endergebnis die Zehnerpotenzen der erhaltenen speziellen Größen durch Dekadenzeichen ersetzen, um zu einer handlichen Darstellung zu gelangen. Man darf dann aber nicht vergessen, bei weiteren Rechnungen wiederum nur die Maßzahl einzusetzen, die zur kohärenten Einheit des ein für alle Male gewählten Einheitensystems gehört.

Grundsätzlich ist es nun völlig gleichgültig, welches kohärente Einheitensystem man wählt. In neuerer Zeit wird nahezu in der gesamten Technik, aber auch in weitesten physikalischen Kreisen dem sogenannten GIORGIschen System der Vorzug gegeben, das aus den Grundeinheiten Meter, Sekunde, Kilogramm und Ampere abgeleitete kohärente Einheiten enthält. Daß das nicht sein muß und daß es für besondere Fälle günstiger sein kann, ein anderes Einheitensystem zu wählen, zeigt etwa ein Vorschlag von E. BODEA [5], wo als Grundeinheiten die Elementarladung e, das DIRACsche elementare Magnetismusquantum φ, die Lichtgeschwindigkeit c und die Compton-Frequenz v gewählt werden.

Bezüglich des Dimensionssystems ist in letzter Zeit eine Reihe von Vorschlägen unterbreitet worden, deren wichtigste in den vorangegangenen Kapiteln aufgezählt wurden. Dem besonderen Zweck der Kennzeichnung der Wesensart der Größen wird offensichtlich das KALANTAROFFsche $Q \Phi l t$-System am besten gerecht. Es ist daher dieses Dimensionssystem auch im vorhin erwähnten atomistischen System [5] vorgeschlagen worden.

Als Urmaße sind heute die in § 4221 aufgeführten vier Naturmaße, bzw. Prototype international anerkannt.

Es werden hin und wieder noch Vierersysteme genannt, die den bekannten älteren Dreiersystemen entsprechen sollen. Wie noch zu zeigen sein wird, sind diese Systeme so entstanden, daß man in den grundlegenden Naturgesetzen die Größe ε_0, bzw. μ_0 willkürlich gleich

eins und damit dimensionslos setzte. Man kann nun formal sagen, daß
das System damit ein Vierersystem geblieben ist, daß aber die vierte
Grunddimension null und die vierte Grundeinheit eins ist. Das ist
natürlich nur eine formale „Richtigstellung" auf den natürlichen Grad,
weil sich die vierte Grundgröße als solche nicht zeigt, sondern vielmehr
in den vorhandenen Zahlenfaktoren untergeht, von denen sie sich ja
nicht unterscheidet. Das System wird so immer als Dreiersystem
erscheinen.

Formal würden die beiden Systeme die Bezeichnungen $\dfrac{l\,t\,m\,(\varepsilon = 0)}{cm\,s\,g\,l}$ -
System, entsprechend dem elektrostatischen Maßsystem, und
$\dfrac{l\,t\,m\,(\mu = 0)}{cm\,s\,g\,l}$ -System, entsprechend dem elektromagnetischen Maß-
system erhalten. Näheres wird unter den Dreiersystemen zu sagen sein.

§ 423 Dreiersysteme

§ 4231 *Das elektrostatische Maßsystem*

Das elektrostatische Maßsystem ist das älteste elektrische Maßsystem.
Es ist aus der Ansicht entstanden, daß auch die elektrischen Erscheinungen irgendwie aus den bekannten mechanischen Größen „erklärt"
werden müßten. Als klassisches Grundgesetz tritt auch hier das
PRIESTLEYsche Gesetz

$$F = K_e \frac{Q_1 Q_2}{r^2} \tag{1}$$

der Kraftwirkung zwischen zwei Ladungen Q_1 und Q_2 auf. Dieses Gesetz
enthält nun neben den bereits bekannten Größen Länge und Kraft der
Mechanik zwei neue Größen, die elektrische Ladung Q und die physikalisch bedingte Naturkonstante K_e. Nun hat man zwar die Größe
Ladung als neue physikalische Größe akzeptiert, hat aber nicht erkannt,
daß auch K_e eine physikalische Größe ist. Man hat im Gegenteil K_e
nur als Zahlenfaktor angesehen, der die richtige Verbindung zwischen
den Maßzahlen von F, Q und r herstellen sollte. Man war sich damals nicht
bewußt, daß das Aufstellen eines experimentell erhaltenen Naturgesetzes nur in Größen und in Form einer Proportion mit physikalischem
Proportionalitätsfaktor möglich ist und faßte daher auch die Gl. (1),
wie es eben für alle Gleichungen geschah, als Maßzahlgleichung auf.
Dann aber war folgender Fehlschluß sehr naheliegend:

Da eine Einheit für die Ladung noch nicht bekannt war, sondern
vielmehr erst definiert werden sollte, konnte man diese offenbar so
wählen, daß der Faktor K_e gleich eins wurde und damit aus der Gl. (1)
herausfiel. Es wurde also eine Ladungseinheit so definiert, daß sie auf
eine gleich große, im Abstand 1 cm befindliche gerade mit einer Kraft
von 1 Dyn wirken sollte. Dann wären sämtliche Größen in (1) gleich

eins und da $K_e = 1$ eine Konstante ist, konnte es jetzt aus der Gleichung gestrichen werden. Die so definierte Ladungseinheit

$$(Q)_e = \text{cm} \sqrt{\text{dyn}} \tag{2}$$

wurde elektrostatische Ladungseinheit genannt.

Der Fehler, der mit der Streichung von K_e aus dem Naturgesetz (1) begangen wurde, war außerordentlich folgenschwer und hat die dimensionelle Beurteilung der elektrischen Größen so verwirrt, daß es auch heute noch oft sehr schwer fällt, auf ihm beruhende, eingewurzelte Gepflogenheiten zu beseitigen und richtigzustellen. Wegen der grundsätzlichen Wichtigkeit für die Beurteilung der Maßsystemfrage an und für sich sei daher auf die klassische Entwicklung von der Warte heutiger Erkenntnisse noch etwas genauer eingegangen.

Zunächst kann (1) in der Form

$$\{F\}\,(F) = \{K_e\}\,(K_e)\,\frac{\{Q_1\}\,(Q)\,\{Q_2\}\,(Q)}{\{r\}^2\,(r)^2}$$

geschrieben werden, die eine Zerlegung in die Einheitengleichung

$$(F) = (K_e)\,\frac{(Q)^2}{(r)^2}$$

und die Maßzahlgleichung

$$\{F\} = \{K_e\}\,\frac{\{Q\}^2}{\{r\}^2}$$

zuläßt, wobei noch vorher dem Experiment gemäß $Q_1 = Q_2 = Q$ gesetzt wurde. Die Einheitengleichung gibt nun bei Wahl der mechanischen Einheiten dyn und cm und der Definition einer Ladungseinheit bei $r = 1\,\text{cm}$ und $F = 1\,\text{dyn}$ die spezielle Einheitengleichung

$$\text{dyn} = (K_e)\,\frac{(Q)_a{}^2}{\text{cm}^2}\,, \tag{3}$$

in der die oben definierte Ladungseinheit mit $(Q)_a$ bezeichnet wurde. Damit erhält man aber auch für die Naturkonstante K_e die Einheit

$$\frac{\text{dyn}\,\text{cm}^2}{(Q)_a{}^2} \tag{4}$$

und diese Konstante selbst zu

$$K_e = 1\,\frac{\text{dyn}\,\text{cm}^2}{(Q)_a{}^2}\,. \tag{5}$$

Werden jetzt die Größen in der Gl. (1) in den angeführten Einheiten gemessen, so ist

$$1\,\text{dyn} = 1\,\frac{\text{dyn}\,\text{cm}^2}{(Q)_a{}^2}\,\frac{1^2\,(Q)_a{}^2}{\text{cm}^2}\,,$$

oder nach Division durch (3) und Vergleich mit der anfangs angeschriebenen Maßzahlgleichung

$$\{F\} = \{K_e\} = \{Q\} = \{r\} = 1,$$

wie es ja als Ausgangspunkt zur Definition einer Ladungseinheit angesetzt wurde. Bis hieher war alles einwandfrei und den natürlichen Anforderungen an die Belange einer Maßsystembildung entsprechend.

Da nun aber $\{K_e\} = \text{konst.} = 1$ ist, kann die Maßzahlgleichung auch in der vereinfachten Form

$$\{F\} = \frac{\{Q_1\}\{Q_2\}}{\{r\}^2}$$

geschrieben werden. Der verhängnisvolle Fehler, der jetzt aber begangen wurde, bestand darin, daß diese völlig richtige Maßzahlgleichung als Größengleichung gedeutet und damit

$$F = \frac{Q_1 Q_2}{r^2} \tag{6}$$

geschrieben wurde. Das war natürlich unzulässig und kam darauf hinaus, daß die Naturkonstante K_e einfach negiert wurde. Mit $\{K_e\} = 1$ sind allerdings beide Formen der Maßzahlgleichung identisch, was erklärt, daß man in den numerischen Rechnungen trotz der fehlerhaften Streichung richtige Zahlenresultate erhält. Dagegen wurden die Einheitenbezeichnungen und die Dimensionsausdrücke falsch. Während richtig die Ladung als notwendig neu einzuführende Grundgröße die Dimension $[Q]$, und K_e die Dimension $[K_e] = [F]\,[1]^2\,[Q]^{-2} = [m]\,[l]^3\,[t]^{-2}\,[Q]^2$ hat, erscheinen diese aus der falsch interpretierten Maßzahlgleichung im elektrostatischen Maßsystem in den Formen

$$[Q]_e = [F]^{1/2}\,[1] = [m]^{1/2}\,[1]^{3/2}\,[t]^{-1}$$

und

$$[K_e]_e = 1.$$

Die zugehörigen Einheiten sind (2) und $(K_e)_e = 1$. Es ist also

$$[Q]_e \neq [Q], \qquad [K_e]_e \neq [K_e]$$

und

$$(Q)_e \neq (Q)_a, \qquad (K_e)_e \neq (K_e)_a,$$

obwohl

$$\{Q\}_e = \{Q\}_a$$

und

$$\{K_e\}_e = \{K_e\}_a.$$

Dabei soll der Zeiger a bedeuten, daß für die mechanischen Größen sogenannte absolute Einheiten, nämlich Gramm, Sekunde und Zentimeter genommen wurden. Die mit dem Zeiger a bezeichneten Dimensionen und Einheiten sind einwandfrei und es können daher auch die letzteren unmittelbar mit den GIORGIschen Einheiten in Beziehung gebracht werden. So ist etwa

$$1\,(Q)_a = \frac{1}{3}\,10^{-9}\,\text{C},$$

wohingegen bei

$$1\,(Q)_e \cong \frac{1}{3}\,10^{-9}\,\text{C}$$

nur das Entsprichtzeichen gesetzt werden darf, weil rechts und links vom Gleichheitszeichen Größen verschiedener Dimension stehen.

Aus der „Definition" der elektrostatischen Ladungseinheit und seiner Dimension ergeben sich dann die anderen Einheiten und Dimensionen in der bekannten Weise. Die elektrostatischen Einheiten bilden ein kohärentes Einheitensystem. Die Dimensionen enthalten gebrochene Exponenten und sind damit praktisch nicht zur Beschreibung einer Wesensart der durch sie dargestellten Größen geeignet, weil man mit ihnen keinerlei Vorstellung verknüpfen kann.

Das elektrostatische Maßsystem ist also ein $\dfrac{1\,\mathrm{t\,m}}{\mathrm{cm\,s\,g}}$-System, das aber trotz Verwendung kohärenter Einheiten kein natürliches System ist, weil in ihm die vierte Grundgröße fehlt. Man könnte als solche allerdings die Größe $K_e = 1$ auffassen und dann das System als natürliches $\dfrac{1\,\mathrm{t\,m\,K}_e}{\mathrm{cm\,s\,g\,1}}$-System bezeichnen. Da man aber weder die Dimension $[\mathrm{K}_e] = 1$, noch die Einheit 1 anschreibt, tritt diese vierte Grundgröße nicht in Erscheinung.

Zur Definition der übrigen Größen ist noch folgendes zu sagen.

Die Gl. (6) kann in der Feldtheorie so interpretiert werden, daß man der „ersten" Ladung Q_1 ein elektrostatisches Feld zugeordnet denkt, das im Abstand r die Stärke

$$E = \frac{Q_1}{r^2} \tag{7}$$

hat und das definiert wird als die an dieser Stelle auf die Einheitsladung ausgeübte Kraft. Die auf die Ladung Q_2 wirkende Kraft ist dann

$$F = E\,Q_2. \tag{8}$$

Man hat ferner versucht, das elektrische Feld durch Kraft- oder Feldlinien anschaulich darzustellen und hat dazu diese so gelegt, daß in jedem Punkt die Tangente an die Feldlinie die Richtung der dort herrschenden Feldstärke angibt. Um auch die Stärke des Feldes anschaulich zu machen, hat man weiterhin nicht beliebig viele Linien gezeichnet, sondern deren Dichte der Feldstärke proportional gemacht, indem man etwa je cm^2 Äquipotentialfläche soviel E-Linien anordnete, als an der betrachteten Stelle der Betrag von E ausmacht. Von einer Punktladung Q gehen dann $4\,\pi\,E$ Linien aus und es wird nach dem Gaußschen Satz

$$\oint \mathfrak{E}\,\mathrm{d}\mathfrak{A} = 4\,\pi\,\Sigma\,Q, \tag{9}$$

nämlich der Fluß von $\mathfrak{E}$ durch eine geschlossene Fläche gleich $4\,\pi$ mal der Summe aller von der Fläche eingeschlossenen Ladungen [6]. Diese Darstellung ist natürlich Vereinbarungssache und man könnte vor der Definition einer Ladungseinheit an Stelle von (6) auch

$$F = \lambda \frac{Q_1 Q_2}{r^2} \tag{6 a}$$

schreiben, wobei λ ein beliebiger Zahlenfaktor ist. Allerdings ergäbe dies eine andere Definition der elektrischen Ladungen oder ihrer Einheiten. Bei geeigneter Wahl dieses Faktors kann man aber erreichen, daß in manchen Gleichungen gewisse unangenehme Zahlenfaktoren, zum Beispiel der Faktor 4π, verschwinden oder an anderen Stellen erscheinen, wo ihr Auftreten verständlicher ist. Auf dieses Problem wird im § 4236 noch näher eingegangen werden.

Definiert man die elektrostatische Ladungseinheit nach dem eingangs ausgeführten Verfahren, so ergeben sich mit ihr alle übrigen Dimensionen und Einheiten zwangsläufig. Für die Einheiten sind keine speziellen Benennungen geschaffen worden. Man kennzeichnet sie lediglich durch den Vor- und Nachsatz „elektrostatische ...... einheit" zur Größenbenennung, also zum Beispiel elektrostatische Stromstärkeneinheit, elektrostatische Spannungseinheit, elektrostatische Einheit der Induktivität u.s.w. Lediglich für die Kapazität, die im elektrostatischen Maßsystem die Dimension einer Länge (!) hat, ist als Einheit das Zentimeter gesetzt. Tab. 8 enthält dementsprechend lediglich eine Zusammenstellung der Dimensionen der wichtigsten elektromagnetischen Größen.

Tabelle 8. *Das elektrostatische Dimensionssystem*

Größe	Dimension	Anmerkung
Elektrische Ladung	$[m]^{1/2}\,[l]^{3/2}\,[t]^{-1}$	
Magnetischer Fluß	$[m]^{1/2}\,[l]^{1/2}$	$[\Phi]_e = [Q]_e\,[v]^{-1}$
Stromstärke	$[m]^{1/2}\,[l]^{3/2}\,[t]^{-2}$	
Elektrische Spannung	$[m]^{1/2}\,[l]^{1/2}\,[t]^{-1}$	$[U]_e = [I]_e\,[v]^{-1}$
Magnetische Erregung	$[m]^{1/2}\,[l]^{1/2}\,[t]^{-2}$	
Elektrische Feldstärke	$[m]^{1/2}\,[l]^{-1/2}\,[t]^{-1}$	$[E]_e = [H]_e\,[v]^{-1}$
Elektrische Verschiebung	$[m]^{1/2}\,[l]^{-1/2}\,[t]^{-1}$	$[D]_e = [E]_e$
Magnetische Feldstärke	$[m]^{1/2}\,[l]^{-3/2}$	$[B]_e = [H]_e\,[v]^{-2} = [E]_e\,[v]^{-1}$
Widerstand	$[l]^{-1}\,[t]$	$[R]_e = [v]^{-1}$
Induktivität	$[l]^{-1}\,[t]^{2}$	$[L]_e = [a]^{-1}$
Kapazität	$[l]$	$(C) = 1\ \mathrm{cm}$
Dielektrizitätskonstante	1	$(\varepsilon) = 1$
Permeabilität	$[l]^{-2}\,[t]^{2}$	$[\mu] = [v]^{-2}$

Das elektrostatische Maßsystem wird und wurde in seiner Gesamtheit kaum verwendet. Seine praktische Anwendung erstreckte sich meist nur auf die rein elektrischen Größen.

§ 4232 *Das elektromagnetische Maßsystem*

Bei der Untersuchung der magnetischen Erscheinungen war das
COULOMBsche Gesetz

$$F = K_m \frac{M_1 M_2}{r^2} \tag{1}$$

der klassische Ausgangspunkt. Darin bedeuten M_1 und M_2 die bereits
in § 421 näher beschriebenen magnetischen Mengen (auch magnetische
Polstärken genannt) und K_m die Proportionalitätskonstante des
empirisch gefundenen Naturgesetzes. Es treten nun die gleichen
Schwierigkeiten auf wie bei der Auswertung des PRIESTLEYschen
Gesetzes, da auch hier M und K_m noch zunächst unbekannte Größen
waren. In Analogie zur Elektrostatik hat man demgemäß wieder

$$K_m = 1 \tag{2}$$

gesetzt und damit wie dort für die Polstärken eine Einheit

$$(M)_m = \mathrm{cm} \sqrt{\mathrm{dyn}} \tag{3}$$

erhalten, die also dieselbe Einheit wie die elektrostatische Ladungseinheit ist:

$$(\mathrm{M})_m = (\mathrm{Q})_e.$$

Die Umdeutung der trotz der falschen Setzung (2) noch richtigen Maßzahlgleichung

$$\{\mathrm{F}\} = \frac{\{\mathrm{M_1}\}\{\mathrm{M_2}\}}{\{r\}^2} \tag{4}$$

in eine jetzt falsche Größengleichung

$$F = \frac{M_1 M_2}{r^2} \tag{5}$$

führt zum elektromagnetischen Maßsystem. In diesem wird

$$[\mathrm{M}]_m = [\mathrm{m}]^{1/2} [\mathrm{l}]^{3/2} [\mathrm{t}]^{-1} = [\mathrm{Q}]_e.$$

Aus dieser „Definition" der Polstärke ergeben sich die übrigen Dimensionen und Einheiten in bekannter Weise. Die elektromagnetischen
Einheiten bilden wieder ein kohärentes System; die Dimensionen
erhalten unverständliche, gebrochene Exponenten.

Das elektromagnetische Maßsystem ist also ein $\dfrac{\mathrm{l\,t\,m}}{\mathrm{cm\,s\,g}}$-System ohne
vierte Grundgröße. Wieder könnte man aber die Größe $K_m = 1$ als
solche auffassen und das System dann als natürliches $\dfrac{\mathrm{l\,t\,m\,K}_m}{\mathrm{cm\,s\,g\,l}}$-System
bezeichnen. Auf diese Möglichkeit soll in § 4235 näher eingegangen
werden.

Die weiteren Folgerungen, die aus der willkürlichen Setzung (5)
gezogen werden können und müssen, sind die sinngemäß gleichen wie
sie im vorigen Abschnitt ausgeführt wurden. Es genügt hier also, in
Tab. 9 die Dimensionen anzuführen. Auf eine Einheitenaufzählung

kann wieder verzichtet werden, da auch hier keine speziellen Benennungen vorgenommen wurden[1]. Dagegen ist in einer eigenen Spalte das Verhältnis der elektrostatischen zur elektromagnetischen Dimension angegeben, das besonders eindringlich die Unsinnigkeit der Systembildungen aufzeigt. Physikalisch sinnvoll können Dimensionssysteme doch nur dann sein, wenn das Verhältnis der Dimensionen ein und derselben Größe aus zwei verschiedenen Systemen die Zahl 1 ergibt. Andernfalls, und insbesondere wenn dieses Verhältnis selbst noch eine dimensionsbehaftete Größe ist, würde ja die einmalig in der Natur vorkommende Größe je nach dem willkürlich gewählten Maßsystem eine völlig andere Bedeutung und Wesensart haben. Solche Dimensionssysteme können also nur formale Bedeutung haben und sind daher praktisch wertlos.

Tabelle 9. Das elektromagnetische Dimensionssystem

Größe	Dimension	Anmerkung	$[G]_e/[G]_m$
Elektrische Ladung	$[m]^{1/2} [l]^{1/2}$	$[Q]_m = [\Phi]_e$	$[v]$
Magnetischer Fluß	$[m]^{1/2} [l]^{3/2} [t]^{-1}$	$[\Phi]_m = [Q]_m [v] = [Q]_e$	$[v]^{-1}$
Stromstärke	$[m]^{1/2} [l]^{1/2} [t]^{-1}$	$[I]_m = [U]_e$	$[v]$
Elektrische Spannung	$[m]^{1/2} [l]^{3/2} [t]^{-2}$	$[U]_m = [I]_m [v] = [I]_e$	$[v]^{-1}$
Magnetische Erregung	$[m]^{1/2} [l]^{-1/2} [t]^{-1}$	$[H]_m = [E]_e$	$[v]$
Elektrische Feldstärke	$[m]^{1/2} [l]^{1/2} [t]^{-2}$	$[E]_m = [H]_m [v] = [H]_e$	$[v]^{-1}$
Elektrische Verschiebung	$[m]^{1/2} [l]^{-3/2}$	$[D]_m = [H]_m [v]^{-1} = [B]_e$	$[v]$
Magnetische Feldstärke	$[m]^{1/2} [l]^{-1/2} [t]^{-1}$	$[B]_m = [H]_m = [D]_m [v] = {}= [E]_m [v]^{-1} = [D]_e$	$[v]^{-1}$
Widerstand	$[l] [t]^{-1}$	$[R]_m = [v] = [R]_e^{-1}$	$[v]^{-2}$
Induktivität	$[l]$	$[L]_m = [C]_e; (L) = 1\,\text{cm}$	$[v]^{-2}$
Kapazität	$[l]^{-1} [t]^2$	$[C]_m = [a]^{-1} = [L]_e$	$[v]^2$
Dielektrizitätskonstante	$[l]^{-2} [t]^2$	$[\varepsilon]_m = [v]^{-2} = [\mu]_e$	$[v]^2$
Permeabilität	1	$[\mu]_m = [\varepsilon]_e; (\mu) = 1$	$[v]^{-2}$

§ 4233 *Das technische Maßsystem*

Das technische Maßsystem ist aus dem elektromagnetischen so entwickelt, daß bei Belassung der Dimension neue Einheiten gewählt wurden, die bestimmte Zehnerpotenzen der elektromagnetischen Einheiten sind. Dies geschah, um die für praktische Zwecke vielfach unhandlichen Einheiten auf einen besser verwendbaren Wert zu bringen. Damit wurde allerdings auch die Kohärenz des Einheitensystems aufgegeben. Dieses ursprüngliche technische Maßsystem benützte die in Tab. 10 aufgeführten Einheiten.

---

[1] Wegen der Einheit $(H)_m = 10e$ s. die Anmerkung S. 68.

Tabelle 10. *Einheiten des technischen Maßsystems*

Größe	Einheit Name und Definition	Kurz-zeichen	Anmerkung
Länge	Zentimeter	**cm**	
Zeit	Sekunde	**s**	
Energie	Joule $= 10^7$ Erg $= 10^7\,\mathrm{g\,cm^2\,s^{-2}}$	**J**	
Leistung	Watt $= 10^7\,\mathrm{g\,cm^2\,s^{-3}}$	W	
Elektrische Ladung	Coulomb $= 10^{-1}\,(Q)_m$	C	$(Q)_m = 1\,\mathrm{g^{1/2}\,cm^{1/2}}$
Magnetischer Fluß	Maxwell $= 1\,(\Phi)_m$	M	$(\Phi)_m = 1\,\mathrm{g^{1/2}\,cm^{3/2}\,s^{-1}}$
Stromstärke	Ampere $= 10^{-1}\,(I)_m$	**A**	$(I)_m\ = 1\,\mathrm{g^{1/2}\,cm^{1/2}\,s^{-1}}$
Elektrische Spannung	Volt $= 10^8\,(U)_m$	V	$(U)_m = 1\,\mathrm{g^{1/2}\,cm^{3/2}\,s^{-2}}$
Magnetische Erregung	Oersted $= 1\,(H)_m$ [1]	Oe	$(H)_m = 1\,\mathrm{g^{1/2}\,cm^{1/2}\,s^{-1}}$
Elektrische Feldstärke			eine Einheit wurde nicht festgelegt
Elektrische Verschiebung			eine Einheit wurde nicht festgelegt
Magnetische Feldstärke	Gauß $= 1\,(B)_m = 1\,(H)_m$	G	$(B)_m = 1\,\mathrm{g^{1/2}\,cm^{-1/2}\,s^{-1}} = (H)_m$
Widerstand	Ohm $= 10^9\,(R)_m$	Ω	$(R)_m = 1\,\mathrm{cm\,s^{-1}}$
Induktivität	Henry $= 10^9\,(L)_m$	H	$(L)_m = 1\,\mathrm{cm}$
Kapazität	Farad $= 10^{-9}\,(C)_m$	F	$(C)_m = 1\,\mathrm{cm^{-1}\,s^2}$

Die in dieser Tab. 10 genannten Einheiten sind mit Ausnahme von M, Oe und G bereits bei der Besprechung der Vierersysteme mit gleichen Namen definiert worden. Das würde zu unliebsamen Verwirrungen führen, da es sich ja gar nicht um die gleichen Einheiten handeln kann, da ihnen ja in beiden Systemen ganz verschiedene Dimensionsausdrücke zukommen. Zur Unterscheidung sollen daher die Einheiten des technischen Systems noch den Zeiger *a* bekommen, der an „absolut" erinnern soll, nämlich als abgeleitete Einheiten aus dem absoluten elektromagetischen Maßsystem.

Die gleichen Benennungen haben natürlich ihren guten Grund. Die absoluten technischen Einheiten haben nämlich mit den genannten Ausnahmen genau das Ausmaß der GIORGIschen. Es sind also die Zahlenwerte der in beiden Systemen gemessenen Größen gleich, also $Q/(Q) = Q/(Q)_a,\ I/(I) = I(I)_a,\ U/(U) = U/(U)_a$ usw., wenn die ohne Zeiger gekennzeichneten Einheiten die GIORGIschen Einheiten bedeuten.

Die Gleichheit der Einheitenausdehnung sei etwa am Beispiel des Ampere nachgewiesen. Im elektromagnetischen Maßsystem lautet

---

[1] Wegen der Gleichheit des Oersted mit der elektromagnetischen Einheit der magnetischen Erregung wird das Oersted auch als elektromagnetische Einheit von H angesehen.

beispielsweise das Amperesche Gesetz für die Kraft zwischen zwei parallelen, stromdurchflossenen Leitern im Vakuum

$$F = 2 \frac{I_1 I_2}{d} l.$$

Ist

$$I_1 = I_2 = 1\,\mathrm{A}_a = 10^{-1}\,(\mathrm{I})_m$$

und

$$l = d = 1\,\mathrm{cm},$$

so wird

$$F = 2 \cdot \frac{10^{-2}}{1}\, l\,\mathrm{dyn} = 2 \cdot 10^{-2}\,\mathrm{dyn}.$$

Im natürlichen Vierersystem ist dagegen

$$F = \frac{\mu_0}{2\pi} \frac{I_1 I_2}{d} l$$

und mit den gleichen Annahmen, aber $I_1 = I_2 = 1\,\mathrm{A}$, und unter Beachtung, daß $\mu_0 = 4\pi \cdot 10^{-7} \frac{\mathrm{V\,s}}{\mathrm{V\,m}}$ ist,

$$F = \frac{4\pi}{2\pi} 10^{-7} \frac{1^2}{1} 1\,\mathrm{N} = 2 \cdot 10^{-7}\,\mathrm{N} = 2 \cdot 10^{-2}\,\mathrm{dyn}.$$

Man erhält also das gleiche Ergebnis, womit die Gleichheit des Ausmaßes der beiden Einheiten

$$(\mathrm{I}) = \mathrm{A} \qquad \text{und} \qquad (\mathrm{I})_a = \mathrm{A}_a$$

bewiesen ist, obwohl wegen des Unterschiedes in den Dimensionen, wie schon angeführt,

$$1\,\mathrm{A} \neq 1\,\mathrm{A}_a$$

ist. Dagegen kann man schreiben

$$1\,\mathrm{A} \mathrel{\hat{=}} 1\,\mathrm{A}_a.$$

Sinngemäß kann man unschwer auch bei den übrigen Einheiten des technischen Maßsystems solche Entsprechungen aufzeigen.

Trotzdem die technischen Einheiten zu einem Dreiersystem gehören, hat man 1908 zu den bestehenden mechanischen Urmaßen noch zwei weitere Prototype festgelegt, nämlich

das internationale Ampere als der konstante Strom, der aus einer wässerigen Silbernitratlösung in der Sekunde $1{,}11800 \cdot 10^{-3}$ g Silber ausscheidet

und

das internationale Ohm als den Widerstand einer Quecksilbersäule von konstantem Querschnitt (1 mm^2), einer Länge von 106,300 cm und einer Masse von 14,4521 g bei 0 °C.

Damit wurde praktisch von den absoluten Einheiten abgegangen und ein neues, auf Prototype beruhendes Einheitensystem geschaffen. Die internationalen Einheiten, die zwar wieder dieselben Namen erhalten haben, weichen jetzt von den absoluten nicht nur ab, sondern ihr Verhältnis ändert sich auch mit der Genauigkeit, mit der die Messungen in den zuständigen Laboratorien durchgeführt werden können. Die zur Zeit wahrscheinlichsten Werte sind

$$
\begin{array}{llll}
1 \text{ internationales Ampere} & \approx 0{,}9999 & \text{absolutes Ampere} \\
1 \text{ internationales Volt} & \approx 1{,}0004 & \text{absolutes Volt} \\
1 \text{ internationales Ohm} & \approx 1{,}0005 & \text{absolutes Ohm} \\
1 \text{ internationales Henry} & \approx 1{,}0005 & \text{absolutes Henry} \\
1 \text{ internationales Farad} & \approx 0{,}9995 & \text{absolutes Farad} \\
1 \text{ internationales Watt} & \approx 1{,}0003 & \text{absolutes Watt.}
\end{array}
$$

Für die meisten praktischen Zwecke ist also die Unterscheidung zwischen internationalen und absoluten Einheiten nicht notwendig, da die Unterschiede nur Bruchteile von Promillen betragen.

§ 4234 *Das Gaußsche Maßsystem*

Das elektrostatische Maßsystem hat sich besonders brauchbar erwiesen für die Behandlungen der elektrostatischen Erscheinungen ebenso wie das elektromagnetische Maßsystem für die elektromagnetischen, woher auch schließlich ihre Benennungen stammen. Um für die gesamte Elektrotechnik die Vorteile beider Systeme ausnützen zu können, hat GAUSS geeignete elektrostatische und elektromagnetische Einheiten (und damit auch Dimensionen) zu einem neuen System vereinigt, das meist mit seinem Namen bezeichnet wird. Eine Zusammenstellung der Dimensionen und Einheiten des GAUSSschen Maßsystems bringt Tab. 11.

Tabelle 11. *Das Gaußsche Maßsystem*

Größe	Dimension	Einheit	Anmerkung
Elektrische Ladung	$[Q]_g = [Q]_e$	$(Q)_e$	
Magnetischer Fluß	$[\Phi]_g = [\Phi]_m$	$(\Phi)_m$	$(\Phi)_g = (\Phi)_m = 1\,\text{M}$
Stromstärke	$[I]_g = [I]_e$	$(I)_e$	
Elektrische Spannung	$[U]_g = [U]_e$	$(U)_e$	
Magnetische Erregung	$[H]_g = [H]_m$	$(H)_m$	$(H)_g = (H)_m = 1\,\text{Oe}$
Elektrische Feldstärke	$[E]_g = [E]_e$	$(E)_e$	
Elektrische Verschiebung	$[D]_g = [D]_e$	$(D)_e$	
Magnetische Feldstärke	$[B]_g = [B]_m$	$(B)_m$	$(B)_g = (B)_m = 1\,\text{G}$
Widerstand	$[R]_g = [R]_e$	$(R)_e$	
Induktivität	$[L]_g = [L]_m = [1]$	$(L)_m$	$(L)_g = (L)_m = 1\,\text{cm}$
Kapazität	$[C]_g = [C]_e = [1]$	$(C)_e$	$(C)_g = (C)_e = 1\,\text{cm}$
Dielektrizitätskonstante	$[\varepsilon]_g = [\varepsilon]_e = 1$	$(\varepsilon)_e$	$(\varepsilon)_g = (\varepsilon)_e = 1$
Permeabilität	$[\mu]_g = [\mu]_m = 1$	$(\mu)_m$	$(\mu)_g = (\mu)_m = 1$

Im GAUSSschen Maßsystem haben also die elektrische Ladung und
der magnetische Fluß, die elektrische Verschiebung, die elektrische und
magnetische Feldstärke und die magnetische Erregung, die Dielektrizitätskonstante und die Permeabilität, die Induktivität und Kapazität,
je gleiche Dimensionen. Weist also der Zeiger g auf das GAUSSsche
System hin, so ist

$$\left.\begin{array}{c} [Q]_g = [\Phi]_g = [Q]_e = [\Phi]_m \\ [D]_g = [E]_g = [B]_g = [H]_g = [D]_e = [E]_e = [B]_m = [H]_m \\ [\varepsilon]_g = [\mu]_g = [\varepsilon]_e = [\mu]_m = 1, \\ [L]_g = [C]_g = [L]_m = [C]_e = [1]. \end{array}\right\} \quad (1)$$

Besonders in die Augen springend sind aber die dimensionellen Gleichheiten

$$[L]_g = [C]_g = [1] \text{ für Induktivität, Kapazität und Länge,}$$

$$[\varrho]_g = [t] \text{ für den spezifischen elektrischen Widerstand und die Zeit,}$$

$$[G]_g = [v] \text{ für den elektrischen Leitwert und die Geschwindigkeit.}$$

Einen zwingenderen Beweis für die Unsinnigkeit einer solchen Dimensionsbetrachtung kann man sich wohl kaum mehr vorstellen.

Die Vereinigung von Einheiten und Dimensionen aus zwei verschiedenen Maßsystemen zu einem neuen System macht dieses natürlich
zu einem System mit nicht kohärenten Einheiten. Darüber hinaus
müssen aber auch die Größen selbst in den Gleichungen mit Faktoren
versehen werden, die mit Dimension behaftet sind, weil in den
Gleichungen rechts und links vom Gleichheitszeichen gleiche Dimensionen stehen müssen. Diese Ausgleichsfaktoren, die Potenzen von
Geschwindigkeiten sind, wurden bereits in der letzten Spalte der Tab. 9
angegeben. Über die Maßzahl des Ausgleichsfaktors soll zunächst das
Experiment Auskunft geben. Weitere Erklärungen geben die beiden
nächsten Paragraphen.

Bildet man das Umlaufintegral der magnetischen Erregung längs
eines geschlossenen Weges, so findet man, daß dasselbe proportional
ist der vom Weg umschlossenen elektrischen Strömung (Gesamt-
stromstärke I).

Es ist also zunächst

$$\oint \mathfrak{H} \, d\mathfrak{s} = K_d \, \Sigma \, I,$$

worin K_d der noch zu ermittelnde Proportionalitätsfaktor ist. Mißt man
die Größen in Einheiten des GAUSSschen Maßsystems, so stehen links
elektromagnetische, rechts elektrostatische Größen. Der Ausgleichsfaktor K_d hat demnach nach Tab. 9 die Dimension einer reziproken
Geschwindigkeit. Die Messungen ergeben ferner, daß $1/\{K_d\}$ bis auf
eine Zehnerpotenz nahezu den Zahlenwert der Lichtgeschwindigkeit
aufweist. Man setzt daher, in Erkenntnis der hohen Bedeutung der
Lichtgeschwindigkeit, diese selbst ein und berücksichtigt die Abweichung
durch einen weiteren Zahlenfaktor, der sich zu 4π ergibt. Die als Durch-

Tabelle 12. *Tabelle zur Einheitenumrechnung*

Größe	elektrostatisch		elektromagnetisch		Gauß		m kg s A	
	exakt	angenähert	exakt	angenähert	exakt	angenähert	exakt	angenähert
Elektrische Ladung, Stromstärke	1	—	$\{c\}^{-1}$	$\frac{1}{3} 10^{-10}$	1	—	$\{c\}^{-1} 10$	$\frac{1}{3} 10^{-9}$
	$\{c\}$	$3 \cdot 10^{10}$	1	—	$\{c\}$	$3 \cdot 10^{10}$	10	—
	1	—	$\{c\}^{-1}$	$\frac{1}{3} 10^{-10}$	1	—	$\{c\}^{-1} 10$	$\frac{1}{3} 10^{-9}$
	$\{c\} 10^{-1}$	$3 \cdot 10^{9}$	10^{-1}	—	$\{c\} 10^{-1}$	$3 \cdot 10^{9}$	1	—
Magnetischer Fluß	1	—	$\{c\}$	$3 \cdot 10^{10}$	$\{c\}$	$3 \cdot 10^{10}$	$\{c\} 10^{-8}$	$3 \cdot 10^{2}$
	$\{c\}^{-1}$	$\frac{1}{3} 10^{-10}$	1	—	1	—	10^{-8}	—
	$\{c\}^{-1}$	$\frac{1}{3} 10^{-10}$	1	—	1	—	10^{-8}	—
	$\{c\}^{-1} 10^{8}$	$\frac{1}{3} 10^{-2}$	10^{8}	—	10^{8}	—	1	—
Elektrische Spannung	1	—	$\{c\}$	$3 \cdot 10^{10}$	1	—	$\{c\} 10^{-8}$	$3 \cdot 10^{2}$
	$\{c\}^{-1}$	$\frac{1}{3} 10^{-10}$	1	—	$\{c\}^{-1}$	$\frac{1}{3} 10^{-10}$	10^{-8}	—
	1	—	$\{c\}$	$3 \cdot 10^{10}$	1	—	$\{c\} 10^{-8}$	$3 \cdot 10^{2}$
	$\{c\}^{-1} 10^{8}$	$\frac{1}{3} 10^{-2}$	10^{8}	—	$\{c\}^{-1} 10^{8}$	$\frac{1}{3} 10^{-2}$	1	—

Fortsetzung der Tabelle 12 von S. 72

Größe	elektrostatisch		elektromagnetisch		Gauß		m kg s A	
	exakt	angenähert	exakt	angenähert	exakt	angenähert	exakt	angenähert
Magnetische Erregung	1	—	$\{c\}^{-1}$	$\frac{1}{3}\,10^{-10}$	$\{c\}^{-1}$	$\frac{1}{3}\,10^{-10}$	$\frac{1}{4\pi}\{c\}^{-1}\,10^{3}$	$\frac{1}{12\pi}\,10^{-7}$
	$\{c\}$	$3\cdot10^{10}$	1	—	1	—	$\frac{1}{4\pi}\,10^{3}$	—
	$\{c\}$	$3\cdot10^{10}$	1	—	1	—	$\frac{1}{4\pi}\,10^{3}$	—
	$4\pi\{c\}\,10^{-3}$	$12\pi\cdot10^{7}$	$4\pi\,10^{-3}$	—	$4\pi\,10^{-3}$	—	1	—
Elektrische Feldstärke	1	—	$\{c\}$	$3\cdot10^{10}$	1	—	$\{c\}\,10^{-6}$	$3\cdot10^{4}$
	$\{c\}^{-1}$	$\frac{1}{3}\,10^{-10}$	1	—	$\{c\}^{-1}$	$\frac{1}{3}\,10^{-10}$	10^{-6}	—
	1	—	$\{c\}$	$3\cdot10^{10}$	1	—	$\{c\}\,10^{-6}$	$3\cdot10^{4}$
	$\{c\}^{-1}\,10^{6}$	$\frac{1}{3}\,10^{-4}$	10^{6}	—	$\{c\}^{-1}\,10^{6}$	$\frac{1}{3}\,10^{-4}$	1	—
Elektrische Verschiebung	1	—	$\{c\}^{-1}$	$\frac{1}{3}\,10^{-10}$	1	—	$\{c\}^{-1}\,10^{5}$	$\frac{1}{3}\,10^{-5}$
	$\{c\}$	$3\cdot10^{10}$	1	—	$\{c\}$	$3\cdot10^{10}$	10^{5}	—
	1	—	$\{c\}^{-1}$	$\frac{1}{3}\,10^{-10}$	1	—	$\{c\}^{-1}\,10^{5}$	$\frac{1}{3}\,10^{-5}$
	$\{c\}\,10^{-5}$	$3\cdot10^{5}$	10^{-5}	—	$\{c\}\,10^{-5}$	$3\cdot10^{5}$	1	—

Fortsetzung der Tabelle 12 auf S. 74

Fortsetzung der Tabelle 12 von S. 73

Größe	elektrostatisch		elektromagnetisch		Gauß		m kg s A	
	exakt	angenähert	exakt	angenähert	exakt	angenähert	exakt	angenähert
Magnetische Feldstärke	1	—	$\{c\}$	$3 \cdot 10^{10}$	$\{c\}$	$3 \cdot 10^{10}$	$\{c\}\,10^{-4}$	$3 \cdot 10^{6}$
	$\{c\}^{-1}$	$\frac{1}{3}\,10^{-10}$	1	—	1	—	10^{-4}	—
	$\{c\}^{-1}$	$\frac{1}{3}\,10^{-10}$	1	—	1	—	10^{-4}	—
	$\{c\}^{-1}\,10^{4}$	$\frac{1}{3}\,10^{-6}$	10^{4}	—	10^{4}	—	1	—
Widerstand	1	—	$\{c\}^{2}$	$9 \cdot 10^{20}$	1	—	$\{c\}^{2}\,10^{-9}$	$9 \cdot 10^{11}$
	$\{c\}^{-2}$	$\frac{1}{9}\,10^{-20}$	1	—	$\{c\}^{-2}$	$\frac{1}{9}\,10^{-20}$	10^{-9}	—
	1	—	$\{c\}^{2}$	$9 \cdot 10^{20}$	1	—	$\{c\}^{2}\,10^{-9}$	$9 \cdot 10^{11}$
	$\{c\}^{-2}\,10^{9}$	$\frac{1}{9}\,10^{-11}$	10^{9}	—	$\{c\}^{-2}\,10^{9}$	$\frac{1}{9}\,10^{-11}$	1	—
Induktivität	1	—	$\{c\}^{2}$	$9 \cdot 10^{20}$	$\{c\}^{2}$	$9 \cdot 10^{20}$	$\{c\}^{2}\,10^{-9}$	$9 \cdot 10^{11}$
	$\{c\}^{-2}$	$\frac{1}{9}\,10^{-20}$	1	—	1	—	10^{-9}	—
	$\{c\}^{-2}$	$\frac{1}{9}\,10^{-20}$	1	—	1	—	10^{-9}	—
	$\{c\}^{-2}\,10^{9}$	$\frac{1}{9}\,10^{-11}$	10^{9}	—	10^{9}	—	1	—

Größe	elektrostatisch		elektromagnetisch		Gauß		m kg s A	
	exakt	angenähert	exakt	angenähert	exakt	angenähert	exakt	angenähert
Kapazität	1	—	$\{c\}^{-2}$	$\frac{1}{9}\,10^{-20}$	1	—	$\{c\}^{-2}\,10^9$	$\frac{1}{9}\,10^{-11}$
	$\{c\}^2$	$9\cdot10^{20}$	1	—	$\{c\}^2$	$9\cdot10^{20}$	10^9	—
	1	—	$\{c\}^{-2}$	$\frac{1}{9}\,10^{-20}$	1	—	$\{c\}^{-2}\,10^9$	$\frac{1}{9}\,10^{-11}$
	$\{c\}^2\,10^{-9}$	$9\cdot10^{11}$	10^{-9}	—	$\{c\}^2\,10^{-9}$	$9\cdot10^{11}$	1	—
Dielektrizitäts-konstante	1	—	$\{c\}^{-2}$	$\frac{1}{9}\,10^{-20}$	1	—	$\frac{1}{4\pi}\{c\}^{-2}10^{11}$	$\frac{1}{36\pi}\,10^{-9}$
	$\{c\}^2$	$9\cdot10^{20}$	1	—	$\{c\}^2$	$9\cdot10^{20}$	$\frac{1}{4\pi}\,10^{11}$	—
	1	—	$\{c\}^{-2}$	$\frac{1}{9}\,10^{-20}$	1	—	$\frac{1}{4\pi}\{c\}^{-2}10^{11}$	$\frac{1}{36\pi}\,10^{-9}$
	$4\pi\{c\}^2 10^{-11}$	$36\pi\cdot10^{-11}$	$4\pi\,10^{-11}$	—	$4\pi\{c\}^2\,10^{-11}$	$36\pi\,10^9$	1	—
Permeabilität	1	—	$\{c\}^2$	$9\cdot10^{20}$	$\{c\}^2$	$9\cdot10^{20}$	$4\pi\{c\}^2\,10^{-7}$	$36\pi\cdot10^{13}$
	$\{c\}^{-2}$	$\frac{1}{9}\,10^{-20}$	1	—	1	—	$4\pi\,10^{-7}$	—
	$\{c\}^{-2}$	$\frac{1}{9}\,10^{-20}$	1	—	1	—	$4\pi\,10^{-7}$	—
	$\frac{1}{4\pi}\{c\}^{-2}10^7$	$\frac{1}{36\pi}\,10^{-13}$	$\frac{1}{4\pi}\,10^7$	—	$\frac{1}{4\pi}\,10^7$	—	1	—
Licht-geschwindigkeit	$\{c\} = 2{,}997\,78\cdot10^{10}$							

flutungsgesetz bekannte Beziehung lautet dann also in der GAUSSschen Schreibweise

$$\oint \mathfrak{H}\, d\mathfrak{s} = \frac{4\pi}{c}\, \Sigma I, \tag{2}$$

wenn c die Lichtgeschwindigkeit ist. Die Gl. (2) kann jetzt als Maßzahlgleichung aufgefaßt werden, deren Größen mit den GAUSSschen Einheiten, die magnetische Erregung also in Oersted, der Strom in elektromagnetischen Stromstärkeneinheiten und die Lichtgeschwindigkeit in cm s^{-1} einzusetzen sind.

Für das Lesen der älteren Literatur sind die Umrechnungsschlüssel zwischen den Einheiten der drei wichtigsten absoluten Dreiersysteme sehr wertvoll, so daß die Umrechnungszahlen in Tab. 12 angeführt seien. Da die Maßsysteme dimensionsverschieden sind, können die Zugehörigkeiten exakt nur in Form von Entsprechungen und nicht als Gleichungen angeschrieben werden, also zum Beispiel

$$1\ \text{Oe} = 1\ (H)_m \triangleq \{c\}\ (H)_e \triangleq \frac{10^3}{4\pi}\, \frac{A}{m} \tag{3}$$

Näheres hiezu bringt der § 4236.

Der Vollständigkeit halber sind auch das technische und das m kg s A-Einheitensystem aufgenommen.

Die internationalen Einheiten sind in Tab. 12 nicht mehr aufgenommen worden. Sie können mittels der Umrechnungszahlen des vorhergehenden Paragraphen unschwer angeknüpft werden. Der Vollständigkeit halber sei aber noch die Umrechnungstabelle 13 (S. 77) angefügt, in der

$$p = 1{,}00049$$

und

$$q = 0{,}99990$$

bedeuten. Die Einheiten des m kg s A-Systems entsprechen in ihrem Ausmaß — wie schon früher ausgeführt wurde — vollständig den Einheiten des technischen Systems,

$$(G) = (G)_a.$$

§ 4235 *Die* c g s-*Systeme als Vierer- und Fünfersysteme*

Es wurde bereits früher erwähnt, daß das elektrostatische und das elektromagnetische Maßsystem auch als verschleierte Vierersysteme aufgefaßt werden können, bei denen nur die vierte Grundgröße dimensionslos ist. Dadurch taucht sie bei den echten dimensionslosen Größen unter und gibt damit Veranlassung zur Aufstellung unsinniger Dimensionsausdrücke und mehrdeutiger Größenbeziehungen. Man kommt sofort zu vernünftigen Ergebnissen, wenn man die Verschleierung rückgängig macht und die vierte Größe offen anschreibt. Im elektrostatischen Maßsystem hat man dann wieder vom PRIESTLEYschen (421/1), im

Tabelle 13. *Umrechnung zwischen internationalen und technischen, bzw.*
m kg s A-Einheiten

Größen	Internationale Einheiten	Technische bzw. m kg s A - Einheiten
Elektrische Ladung	C_i $C_i \cdot q^{-1}$	$C_a \cdot q$ C_a
Magnetischer Fluß	M_i $M_i \cdot (pq)^{-1}$	$M_a \cdot pq$ $M_a \mathbin{\hat=} 10^{-8}$ Wb
Stromstärke	A_i $A_i \cdot q^{-1}$	$A_a \cdot q$ A_a
Elektrische Spannung	V_i $V_i \cdot (pq)^{-1}$	$V_a \cdot pq$ V_a
Magnetische Erregung	Oe $\mathrm{Oe} \cdot \dfrac{10^3}{4\,\pi} q^{-1}$	$\dfrac{A_a}{m} \cdot 4\,\pi\,10^{-3}\,q$ $\dfrac{A_a}{m}$
Elektrische Feldstärke	$\dfrac{V_i}{m}$ $\dfrac{V_i}{m} \cdot (pq)^{-1}$	$\dfrac{V_a}{m} \cdot pq$ $\dfrac{V_a}{m}$
Elektrische Verschiebung	$\dfrac{C_i}{m^2}$ $\dfrac{C_i}{m^2} \cdot q^{-1}$	$\dfrac{C_a}{m^2} \cdot q$ $\dfrac{C_a}{m^2}$
Magnetische Feldstärke	G $G \cdot 10^{-4} \cdot (pq)^{-1}$	$T \cdot 10^4 \cdot pq$ T
Widerstand	Ω_i $\Omega_i \cdot p^{-1}$	$\Omega_a \cdot p$ Ω_a
Induktivität	H_i $H_i \cdot p^{-1}$	$H_a \cdot p$ H_a
Kapazität	F_i $F_i \cdot p$	$F_a \cdot p^{-1}$ F_a

Tabelle 14. *Die nicht rationalen,*

Größe	Dimensionssystem
	l t m ε
Elektrische Ladung	$[m]^{1/2} [l]^{3/2} [t]^{-1} [\varepsilon]^{1/2} = [Q]_e [\varepsilon]^{1/2}$
Magnetischer Fluß	$[m]^{1/2} [l]^{1/2} [\varepsilon]^{-1/2} = [\Phi]_e [\varepsilon]^{-1/2}$
Stromstärke	$[m]^{1/2} [l]^{3/2} [t]^{-2} [\varepsilon]^{1/2} = [I]_e [\varepsilon]^{1/2}$
Elektrische Spannung	$[m]^{1/2} [l]^{1/2} [t]^{-1} [\varepsilon]^{-1/2} = [U]_e [\varepsilon]^{-1/2}$
Magnetische Erregung	$[m]^{1/2} [l]^{1/2} [t]^{-2} [\varepsilon]^{1/2} = [H]_e [\varepsilon]^{1/2}$
Elektrische Feldstärke	$[m]^{1/2} [l]^{-1/2} [t]^{-1} [\varepsilon]^{-1/2} = [E]_e [\varepsilon]^{-1/2}$
Elektrische Verschiebung	$[m]^{1/2} [l]^{-1/2} [t]^{-1} [\varepsilon]^{1/2} = [D]_e [\varepsilon]^{1/2}$
Magnetische Feldstärke	$[m]^{1/2} [l]^{-3/2} [\varepsilon]^{-1/2} = [B]_e [\varepsilon]^{-1/2}$
Widerstand	$[l]^{-1} [t] [\varepsilon]^{-1} = [R]_e [\varepsilon]^{-1}$
Induktivität	$[l]^{-1} [t]^2 [\varepsilon]^{-1} = [L]_e [\varepsilon]^{-1}$
Kapazität	$[l] [\varepsilon] = [C]_e [\varepsilon]$
Dielektrizitätskonstante	$[\varepsilon] = 1 . [\varepsilon]$
Permeabilität	$[l]^{-2} [t]^2 [\varepsilon]^{-1} = [\mu]_e [\varepsilon]^{-1}$

elektromagnetischen vom COULOMBschen Gesetz (4232/1) auszugehen. Schreibt man diese jetzt aus historischen Gründen in der Form

$$F = \frac{1}{\varepsilon} \frac{Q_1 Q_2}{r^2} \tag{1}$$

und

$$F = \frac{1}{\mu} \frac{M_1 M_2}{r^2}, \tag{2}$$

indem einfach an Stelle der Proportionalitätskonstante K_e und K_m ihre Kehrwerte ε und μ gesetzt wurden, so lassen sich alle Größen ohne künstliche und willkürliche Annahmen klar und einwandfrei darstellen.

Für das neue elektrostatische Maßsystem, das jetzt also ein l t m ε-System ist, wird zunächst

$$[Q]_\varepsilon = [F]^{1/2} [l] [\varepsilon]^{1/2} = [m]^{1/2} [l]^{3/2} [t]^{-1} [\varepsilon]^{1/2},$$

womit dann auch unschwer die Dimensionen der anderen Größen angegeben werden können. Sie sind in Tab. 14 in der ersten Spalte angeführt.

Man sieht, daß man, wie wegen des einwandfreien Vorganges von vornherein zu erwarten war, völlig eindeutige Dimensionsausdrücke erhält, worauf vor allem auch schon BODEA [7] hingewiesen hat. Es ist jetzt keineswegs mehr Verschiebung und elektrische Feldstärke dimensionsgleich und die Kapazität als Länge aufzufassen, sondern $[D]_\varepsilon = [E]_\varepsilon [\varepsilon]$ usw. Die neuen Ausdrücke gehen mit $[\varepsilon] = 1$ natürlich wieder in die Dimensionsangaben des elektrostatischen Maßsystems über.

absoluten Vierer- und Fünfersysteme

Dimensionssystem	
l t m μ	l t m $\varepsilon\,\mu$
$[m]^{1/2}\,[l]^{1/2}\,[\mu]^{-1/2} = [Q]_m\,[\mu]^{-1/2}$	$[m]^{1/2}\,[l]^{3/2}\,[t]^{-1}\,[\varepsilon]^{1/2} = [Q]_e\,[\varepsilon]_\varepsilon^{1/2}$
$[m]^{1/2}\,[l]^{3/2}\,[t]^{-1}\,[\mu]^{1/2} = [\Phi]_m\,[\mu]^{1/2}$	$[m]^{1/2}\,[l]^{3/2}\,[t]^{-1}\,[\mu]^{1/2} = [\Phi]_m\,[\mu]_\mu^{1/2}$
$[m]^{1/2}\,[l]^{1/2}\,[t]^{-1}\,[\mu]^{-1/2} = [I]_m\,[\mu]^{-1/2}$	$[m]^{1/2}\,[l]^{3/2}\,[t]^{-2}\,[\varepsilon]^{1/2} = [I]_e\,[\varepsilon]_\varepsilon^{1/2}$
$[m]^{1/2}\,[l]^{3/2}\,[t]^{-2}\,[\mu]^{1/2} = [U]_m\,[\mu]^{1/2}$	$[m]^{1/2}\,[l]^{1/2}\,[t]^{-1}\,[\varepsilon]^{-1/2} = [U]_e\,[\varepsilon]_\varepsilon^{-1/2}$
$[m]^{1/2}\,[l]^{-1/2}\,[t]^{-1}\,[\mu]^{-1/2} = [H]_m\,[\mu]^{-1/2}$	$[m]^{1/2}\,[l]^{-1/2}\,[t]^{-1}\,[\mu]^{-1/2} = [H]_m\,[\mu]_\mu^{-1/2}$
$[m]^{1/2}\,[l]^{1/2}\,[t]^{-2}\,[\mu]^{1/2} = [E]_m\,[\mu]^{1/2}$	$[m]^{1/2}\,[l]^{-1/2}\,[t]^{-1}\,[\varepsilon]^{-1/2} = [E]_e\,[\varepsilon]_\varepsilon^{-1/2}$
$[m]^{1/2}\,[l]^{-3/2}\,[\mu]^{-1/2} = [D]_m\,[\mu]^{-1/2}$	$[m]^{1/2}\,[l]^{-1/2}\,[t]^{-1}\,[\varepsilon]^{1/2} = [D]_e\,[\varepsilon]_\varepsilon^{1/2}$
$[m]^{1/2}\,[l]^{-1/2}\,[t]^{-1}\,[\mu]^{1/2} = [B]_m\,[\mu]^{1/2}$	$[m]^{1/2}\,[l]^{-1/2}\,[t]^{-1}\,[\mu]^{1/2} = [B]_m\,[\mu]_\mu^{1/2}$
$[l]\,[t]^{-1}\,[\mu] = [R]_m\,[\mu]$	$[l]^{-1}\,[t]\,[\varepsilon]^{-1} = [R]_e\,[\varepsilon]_\varepsilon^{-1}$
$[l]\,[\mu] = [L]_m\,[\mu]$	$[l]\,[\mu] = [L]_m\,[\mu]_\mu$
$[l]^{-1}\,[t]^{2}\,[\mu]^{-1} = [C]_m\,[\mu]^{-1}$	$[l]\,[\varepsilon] = [C]_e\,[\varepsilon]_\varepsilon$
$[l]^{-2}\,[t]^{2}\,[\mu]^{-1} = [\varepsilon]_m\,[\mu]^{-1}$	$[\varepsilon] = [\varepsilon]_\varepsilon$
$[\mu] = 1 \cdot [\mu]$	$[\mu] = [\mu]_\mu$

Unschön ist zweifellos das Auftreten gebrochener Exponenten. Dadurch verlieren die Ausdrücke zwar nicht ihre Richtigkeit, wohl aber ihre anschauliche Deutbarkeit. Begründet ist dieses unbefriedigende Ergebnis darin, daß als vierte Grundgröße hier eine Größe gewählt wurde, die sich der unmittelbaren Anschauung entzieht. Die Ganzzahligkeit der Exponenten ist ein Kriterium dafür, ob als Grundgrößen solche ausreichender Anschaulichkeit gewählt wurden, das heißt solche Größen, die sich mit fortschreitender Erfahrungssammlung unmittelbar aus der Natur anbieten und aus den bisher bekannten nicht erklärt werden können. Das ist aber in der Elektrizitätslehre unbestreitbar die elektrische Ladung und auf keinen Fall die Dielektrizitätskonstante. Trotzdem könnte diese letztere aber vielleicht sehr wertvoll als Urmaß dienen, weil für sie in der Influenzkonstante ε_0 ein in der Natur vorkommendes Naturmaß vorhanden ist. Man sieht also wieder, wie wichtig die Trennung zwischen den drei Systemen der Dimensionen, Einheiten und Urmaße ist.

Die Einheiten des l t m ε-Systems sind ausdehnungsmäßig dieselben wie die des elektrostatischen Systems. Da ihnen aber andere Dimensionen zukommen, können sie nur mit dem Entsprichtzeichen miteinander verbunden werden. Es ist also

$$(G)_\varepsilon \triangleq (G)_e.$$

Allerdings müßte bei exakter Schreibweise die Einheit 1 dort, wo sie vorkommt, auch immer angeschrieben werden. Zur besseren Kennzeichnung kann man dafür besser $(\varepsilon)_\varepsilon$ schreiben, wobei ja $(\varepsilon)_\varepsilon = 1$ ist. Ein bestimmter Strom hätte beispielsweise die Größe

$$I = 6\,\mathrm{g}^{1/2}\,\mathrm{cm}^{3/2}\,\mathrm{s}^{-2}\,(\varepsilon)_\varepsilon^{1/2} = 6\,(\mathrm{I})_e\,(\varepsilon)_\varepsilon^{1/2} = 6\,(\mathrm{I})_e\,(1)^{1/2}.$$

In elektrostatischen Einheiten wäre

$$I = 6\,\mathrm{g}^{1/2}\,\mathrm{cm}^{3/2}\,\mathrm{s}^{-2}.$$

Es ist also

$$I_\varepsilon \neq I_e, \quad \text{wohl aber} \quad I_\varepsilon \triangleq I_e \quad \text{und} \quad \{\mathrm{I}\}_\varepsilon = \{\mathrm{I}\}_e.$$

Im elektromagnetischen Maßsystem kann man ganz gleich vorgehen und erhält analog die Ausdrücke in der zweiten Spalte der Tab. 14. Das für die 1 t m ε-Größen Gesagte gilt jetzt sinngemäß auch für die 1 t m μ-Größen. So ist beispielsweise in einem speziellen Fall

$$H = 7\,\mathrm{g}^{1/2}\,\mathrm{cm}^{-1/2}\,\mathrm{s}^{-1}\,(\mu)_\mu^{-1/2} = 7\,\mathrm{Oe}\,(\mu)_\mu^{-1/2} = 7\,\mathrm{Oe}\,(1)^{-1/2}.$$

Da die Größen der beiden neuen Systeme richtige Vierergrößen sind, müssen sie auch ohne Schwierigkeiten miteinander und mit denen anderer Vierersysteme, z. B. des 1 t Q Φ-Systems verbunden werden können. Setzt man beispielsweise die Dimensionen der elektrischen Spannung in den drei Systemen einander gleich — und diese Möglichkeit soll doch eigentlich selbstverständlich sein, da die betrachtete Größe ja immer dieselbe Naturgröße „Spannung" ist —, so wird

$$[\mathrm{m}]^{1/2}\,[\mathrm{l}]^{1/2}\,[\mathrm{t}]^{-1}\,[\varepsilon]^{-1/2} = [\mathrm{m}]^{1/2}\,[\mathrm{l}]^{3/2}\,[\mathrm{t}]^{-2}\,[\mu]^{1/2} = [\Phi]\,[\mathrm{t}]^{-1}.$$

Aus dieser Doppelgleichung ergeben sich die Beziehungen

$$\sqrt{[\varepsilon]\,[\mu]} = [\mathrm{l}]\,[\mathrm{t}]^{-1},$$
$$[\Phi] = [\mathrm{m}]^{1/2}\,[\mathrm{l}]^{1/2}\,[\varepsilon]^{-1/2} = [\mathrm{m}]^{1/2}\,[\mathrm{l}]^{3/2}\,[\mathrm{t}]^{-1}\,[\mu]^{1/2},$$

also Abhängigkeiten, die schon in Tab. 14 enthalten sind oder aus ihr unmittelbar abgelesen werden können. Ein Zwiespalt oder eine Doppeldeutigkeit tritt an keiner Stelle auf. Versucht man dasselbe mit dem elektrostatischen und dem elektromagnetischen Maßsystem, so ergäbe sich

$$[\mathrm{m}]^{1/2}\,[\mathrm{l}]^{1/2}\,[\mathrm{t}]^{-1} = [\mathrm{m}]^{1/2}\,[\mathrm{l}]^{3/2}\,[\mathrm{t}]^{-2} = [\Phi]\,[\mathrm{t}]^{-1},$$

woraus

$$[\mathrm{l}] = [\mathrm{t}],$$
$$[\Phi] = [\mathrm{m}]^{1/2}\,[\mathrm{l}]^{1/2} = [\mathrm{m}]^{1/2}\,[\mathrm{l}]^{3/2}\,[\mathrm{t}]^{-1} = [\Phi]\,[\mathrm{v}]$$

mit völlig wertlosen und verwirrenden Scheinbeziehungen.

Das GAUSSsche Maßsystem, zunächst auch wieder aus dem Versuch entstanden, geeignete Einheiten für Maßzahlgleichungen zu finden, die dann später mehr oder weniger zu Größengleichungen umgedeutet wurden, vereinigt, wie in § 4234 besprochen wurde, in sich Größen und Einheiten des elektrostatischen und elektromagnetischen Maßsystems. Wird jedes nach den obigen Ausführungen als Vierersystem aufgefaßt, so wird das GAUSSsche System zu einem verkappten Fünfersystem. Man kann jetzt wieder die verschleierten Grunddimensionen $[\varepsilon]$ und $[\mu]$ offen anschreiben und erhält damit die Ausdrücke der dritten Spalte der Tab. 14.

Nach den Ausführungen des § 322 muß das GAUSSsche System als überbestimmtes System eine zusätzliche, für die Darstellung überflüssige Naturkonstante enthalten. Dieser Naturkonstanten sind wir bereits in der Gl. (4234/2) begegnet. Es ist die Lichtgeschwindigkeit, deren Auftreten bei der in Frage stehenden Beziehung völlig unbegründet, wenn nicht sinnstörend ist. Die Dimension Geschwindigkeit ergab sich ja auch nur „zufällig" als Ausgleichsdimension zwischen den links stehenden Größen des elektromagnetischen und den rechtsstehenden des elektrostatischen Maßsystems. Desgleichen ist auch der Zahlenwert des Ausgleichsfaktors nur zufällig gleich der Lichtgeschwindigkeit, weil ε und μ über die Lichtgeschwindigkeit zusammenhängen. Die durch die Gl. (4234/2) dargestellte Beziehung hat aber gar nichts mit dem Licht oder einer Wellenausbreitungsgeschwindigkeit zu tun, weshalb das Erscheinen von c in der Gleichung physikalisch unverständlich bleibt.

Damit dürfte wohl alles zur Aufklärung der Eigenschaften der in der Elektrotechnik in Gebrauch stehenden Maßsysteme gesagt worden sein und es erscheint vielleicht noch nützlich, die Schreibweise der grundlegenden Gleichungen in den besprochenen Maßsystemen zusammenzustellen. Dies ist in der Tafel I geschehen, zu deren engerem Studium der Leser aber aufgefordert wird, vorher noch den nächsten § 4236 zu lesen.

§ 4236 *Das Problem der Rationalisierung*

Beim Problem der sogenannten Rationalisierung handelt es sich um die Stellung des Faktors 4π in den Grundgleichungen. Da dieser der Ausdruck für den räumlichen Vollwinkel ist, erwartet man ihn bei allen Punktgesetzen (z. B. dem COULOMBschen Gesetz, in der Formel für die Kapazität einer Kugel usw.) und empfindet sein Auftreten in den übrigen Gleichungen (z. B. im Durchflutungsgesetz, in der Formel für die Kapazität eines Plattenkondensators usw.) als störend.

Um die Fragen, die zum Rationalisierungsproblem führen, klar zu erkennen, sei am Beispiel des PRIESTLEYschen Gesetzes das Auftreten von 4π vorerst in einem richtigen Vierersystem verfolgt, da es bei den Dreiersystemen manchmal schwer fällt, durch die Verschleierungen, die durch das Streichen der notwendigen vierten Grundgröße entstanden sind, genügend klar durchzusehen. Das PRIESTLEYsche Gesetz erscheint zunächst, wie im § 421 ausgeführt, in der Form

$$F = K_e \frac{Q_1 Q_2}{r^2} \qquad (421/1)$$

als Proportionalität, nämlich als Antwort auf eine an die Natur gerichtete Frage. Der Proportionalitätsfaktor K_e ist die das Gesetz kennzeichnende Naturkonstante, deren Wesenheit für's erste noch unbekannt ist und die daher sich noch als Produkt aus bekannten Faktoren und einer eigentlichen Naturkonstanten entpuppen kann. Betrachtet man

Tafel I. *Schreibweise der Grund-*

Gesetz	Größengleichung
PRIESTLEYsches Gesetz	$F = \dfrac{1}{4\pi\varepsilon}\dfrac{Q_1 Q_2}{r^2} = \dfrac{1}{4\pi\varepsilon_0}\dfrac{Q_1 Q_2}{E\,r^2}$
—	$\mathfrak{D} = \varepsilon\,\mathfrak{E} = \varepsilon_0\,E\,\mathfrak{E}$
Plattenkondensator	$C = \varepsilon\,\dfrac{A}{d} = \varepsilon_0\,E\,\dfrac{A}{d}$
Zylinderkondensator	$C = \dfrac{2\pi\varepsilon l}{\ln\,(R_a/R_i)}$
Kapazität einer Kugel	$C = 4\pi\varepsilon R$
Induktion	$E = -L\,\dfrac{\mathrm{d}I}{\mathrm{d}t};\qquad L = \dfrac{\Phi}{I}$
Energiedichte des elektrostatischen Feldes	$W_{1e} = \dfrac{\varepsilon}{2}\,\mathfrak{E}^2 = \dfrac{\mathfrak{E}\,\mathfrak{D}}{2}$
COULOMBsches Gesetz	$F = \dfrac{1}{4\pi\mu}\dfrac{M_1 M_2}{r^2} = \dfrac{1}{4\pi\mu_0}\dfrac{M_1 M_2}{M\,r^2}$
—	$\mathfrak{B} = \mu\,\mathfrak{H} = \mu_0\,M\,\mathfrak{H}$
Magnetisches Feld eines unendlich langen Stromkreises	$\mathfrak{H} = \dfrac{1}{2\pi}\dfrac{I}{r}$
Durchflutungsgesetz	$\oint \mathfrak{H}\,\mathrm{d}\mathfrak{s} = \varSigma\,I$
Kraftgesetz	$F = B\,I\,l = \mu\,H\,I\,l$
BIOT-SAVARTsches Gesetz	$\mathrm{d}H = \dfrac{1}{4\pi}\dfrac{I\,\mathrm{d}l}{r^2}$
AMPEREsches Gesetz	$F = \dfrac{\mu}{2\pi}\dfrac{I_1 I_2}{d}\,l$
Energiedichte des magnetischen Feldes	$W_{1m} = \dfrac{\mu}{2}\,\mathfrak{H}^2 = \dfrac{\mathfrak{B}\,\mathfrak{H}}{2}$
Erste MAXWELLsche Gleichung	$\operatorname{rot}\mathfrak{H} = \varkappa\,\mathfrak{E} + \varepsilon\,\dfrac{\partial\mathfrak{E}}{\partial t}$
Zweite MAXWELLsche Gleichung	$\operatorname{rot}\mathfrak{E} = -\dfrac{\partial\mathfrak{B}}{\partial t} = -\mu\,\dfrac{\partial\mathfrak{H}}{\partial t}$
POYNTINGscher Vektor	$\mathfrak{S} = \mathfrak{E} \times \mathfrak{H}$
Lichtgeschwindigkeit im Vakuum	$c = \dfrac{1}{\sqrt{\varepsilon_0\,\mu_0}}$

	Schreibweise im	
Elektrostat. Maßsystem	Elektromagnet. Maßsystem	Gaussschen Maßsystem
$F = \dfrac{Q_1 Q_2}{E\,r^2}$	$F = c^2\dfrac{Q_1 Q_2}{E\,r^2}$	$F = \dfrac{Q_1 Q_2}{E\,r^2}$
$\mathfrak{D} = E\,\mathfrak{E}$	$\mathfrak{D} = \dfrac{1}{c^2}\,E\,\mathfrak{E}$	$\mathfrak{D} = E\,\mathfrak{E}$
$C = \dfrac{E}{4\,\pi}\dfrac{A}{d}$	$C = \dfrac{1}{c^2}\dfrac{E}{4\,\pi}\dfrac{A}{d}$	$C = \dfrac{E}{4\,\pi}\dfrac{A}{d}$
$C = \dfrac{E\,l}{2\ln\,(R_a/R_i)}$	$C = \dfrac{1}{c^2}\dfrac{E\,l}{2\ln\,(R_a/R_i)}$	$C = \dfrac{E\,l}{2\ln\,(R_a/R_i)}$
$C = E\,R$	$C = \dfrac{E}{c^2}\,R$	$C = E\,R$
$E = -L\dfrac{\mathrm{d}I}{\mathrm{d}t};\quad L = \dfrac{\Phi}{I}$	$E = -L\dfrac{\mathrm{d}I}{\mathrm{d}t};\quad L = \dfrac{\Phi}{I}$	$E = \dfrac{1}{c^2}L\dfrac{\mathrm{d}I}{\mathrm{d}t};\quad L = c\dfrac{\Phi}{I}$
$W_{1e} = \dfrac{E}{8\,\pi}\,\mathfrak{E}^2 = \dfrac{\mathfrak{E}\,\mathfrak{D}}{8\,\pi}$	$W_{1e} = \dfrac{1}{c^2}\dfrac{E}{8\,\pi}\,\mathfrak{E}^2 = \dfrac{\mathfrak{E}\,\mathfrak{D}}{8\,\pi}$	$W_{1e} = \dfrac{E}{8\,\pi}\,\mathfrak{E}^2 = \dfrac{\mathfrak{E}\,\mathfrak{D}}{8\,\pi}$
$F = c^2\dfrac{M_1 M_2}{M\,r^2}$	$F = \dfrac{M_1 M_2}{M\,r^2}$	$F = \dfrac{M_1 M_2}{M\,r^2}$
$\mathfrak{B} = \dfrac{M}{c^2}\,\mathfrak{H}$	$\mathfrak{B} = M\,\mathfrak{H}$	$\mathfrak{B} = M\,\mathfrak{H}$
$\mathfrak{H} = 2\dfrac{I}{r}$	$\mathfrak{H} = 2\dfrac{I}{r}$	$\mathfrak{H} = \dfrac{2}{c}\dfrac{I}{r}$
$\oint \mathfrak{H}\,\mathrm{d}\mathfrak{s} = 4\,\pi\,\Sigma\,I$	$\oint \mathfrak{H}\,\mathrm{d}\mathfrak{s} = 4\,\pi\,\Sigma\,I$	$\oint \mathfrak{H}\,\mathrm{d}\mathfrak{s} = \dfrac{4\,\pi}{c}\,\Sigma\,I$
$F = B\,I\,l = \dfrac{M}{c^2}H\,I\,l$	$F = B\,I\,l = M\,H\,I\,l$	$F = \dfrac{1}{c}B\,I\,l = \dfrac{M}{c}H\,I\,l$
$\mathrm{d}H = \dfrac{I\,\mathrm{d}l}{r^2}$	$\mathrm{d}H = \dfrac{I\,\mathrm{d}l}{r^2}$	$\mathrm{d}H = \dfrac{1}{c}\dfrac{I\,\mathrm{d}l}{r^2}$
$F = \dfrac{2\,M}{c^2}\dfrac{I_1 I_2}{d}\,l$	$F = 2\,M\dfrac{I_1 I_2}{d}\,l$	$F = \dfrac{2\,M}{c^2}\dfrac{I_1 I_2}{d}\,l$
$W_{1m} = \dfrac{1}{c^2}\dfrac{M}{8\,\pi}\,\mathfrak{H}^2 = \dfrac{\mathfrak{B}\,\mathfrak{H}}{8\,\pi}$	$W_{1m} = \dfrac{M}{8\,\pi}\,\mathfrak{H}^2 = \dfrac{\mathfrak{B}\,\mathfrak{H}}{8\,\pi}$	$W_{1m} = \dfrac{M}{8\,\pi}\,\mathfrak{H}^2 = \dfrac{\mathfrak{B}\,\mathfrak{H}}{8\,\pi}$
$\mathrm{rot}\ \mathfrak{H} = 4\,\pi\,\varkappa\,\mathfrak{E} + \dfrac{\partial}{\partial t}\,(E\,\mathfrak{E})$	$\mathrm{rot}\ \mathfrak{H} = 4\,\pi\,\varkappa\,\mathfrak{E} + \dfrac{1}{c^2}\dfrac{\partial}{\partial t}\,(E\,\mathfrak{E})$	$c\cdot\mathrm{rot}\ \mathfrak{H} = 4\,\pi\,\varkappa\,\mathfrak{E} + \dfrac{\partial}{\partial t}\,(E\,\mathfrak{E})$
$\mathrm{rot}\ \mathfrak{E} = -\dfrac{\partial\mathfrak{B}}{\partial t} = -\dfrac{M}{c^2}\dfrac{\partial\mathfrak{H}}{\partial t}$	$\mathrm{rot}\ \mathfrak{E} = -\dfrac{\partial\mathfrak{B}}{\partial t} = -M\dfrac{\partial\mathfrak{H}}{\partial t}$	$c\cdot\mathrm{rot}\ \mathfrak{E} = -\dfrac{\partial\mathfrak{B}}{\partial t} = -M\dfrac{\partial\mathfrak{H}}{\partial t}$
$\mathfrak{S} = \dfrac{1}{4\,\pi}\,\mathfrak{E}\times\mathfrak{H}$	$\mathfrak{S} = \dfrac{1}{4\,\pi}\,\mathfrak{E}\times\mathfrak{H}$	$\mathfrak{S} = \dfrac{c}{4\,\pi}\,\mathfrak{E}\times\mathfrak{H}$
$c = \dfrac{1}{\sqrt{\mu_0}}$	$c = \dfrac{1}{\sqrt{\varepsilon_0}}$	$c = c$

nun eine leitende, mit der Elektrizitätsmenge Q_1 geladene Kugel, so ist die Ladungsdichte an der Oberfläche

$$D = \frac{Q_1}{4\,r^2\pi}\,, \tag{1}$$

wenn r den Kugelradius bedeutet. Da sich die Kugel nach außen hin so verhält wie eine in ihrem Mittelpunkt angeordnete Punktladung von derselben Größe Q_1, so kann auch die Feldstärke an der Kugeloberfläche ermittelt werden. Da diese als Kraft auf die Ladungseinheit definiert wird, ist aus (421/1)

$$E = \frac{F}{Q_2} = K_e \frac{Q_1}{r^2}\,,$$

oder mit (1)

$$E = K_e\,4\pi\,D,$$

bzw.

$$D = \frac{1}{4\,\pi\,K_e}\,E = \varepsilon\,E, \tag{2}$$

wenn noch definitionsgemäß

$$\frac{1}{4\,\pi\,K_e} = \varepsilon$$

und damit

$$K_e = \frac{1}{4\pi\,\varepsilon} \tag{3}$$

gesetzt wird. Dies gilt bekanntlich nicht nur für die Kugeloberfläche, sondern allgemein für eine konzentrische Kugelfläche mit jetzt beliebigem Radius oder dann überhaupt für jeden Punkt des Feldes. Die weitere Deutung von D und ε kann als bekannt vorausgesetzt werden und gehört nicht hieher. Wichtig war lediglich, auf welche Weise der Faktor 4π in die Gleichungen und damit auch in das mit ε geschriebene PRIESTLEYsche Gesetz

$$F = \frac{1}{4\pi\,\varepsilon}\frac{Q_1\,Q_2}{r^2} = \frac{1}{4\pi\,\varepsilon_0\varepsilon}\frac{Q_1\,Q_2}{r^2} \tag{4}$$

gekommen ist.

Ausgehend von der Erkenntnis, daß die elektrische Ladung die Ursache der elektrischen Felder ist und daß diese in den Ladungen ihre Quellen haben, kann und hat man $\mathfrak{D}$ auch als Feldgröße aufgefaßt, die an jeder Stelle des Feldes dieses ebenso charakterisiert wie die Feldstärke $\mathfrak{E}$, mit der sie ja nach (2) oder vektoriell geschrieben nach der Beziehung

$$\mathfrak{D} = \varepsilon\,\mathfrak{E} = \varepsilon_0\,\varepsilon\,\mathfrak{E} \tag{5}$$

zusammenhängt. Die Konstante ε ist eine dimensionsbehaftete Materialkenngröße, die als ε-faches Vielfaches der Naturkonstante ε_0, der Influenzkonstante des Vakuums, angeschrieben werden kann. Die

„Dielektrizitätszahl" ε ist damit eine zur Dielektrizitätskonstanten ε gehörige, dimensionslose Stoffkonstante.

Die Größe $\mathfrak{D}$ entsprang einer willkürlichen Definition; sie hätte also auch anders definiert werden können. Soll sie dabei aber als im wesentlichen das gleiche Feldphänomen beschreibende Größe erhalten bleiben, dann darf sich eine geänderte Definition nur in einem reinen Zahlenfaktor von der vorigen unterscheiden. So könnte an Stelle von (1) beispielsweise die Definition

$$D' = \frac{Q_1}{r^2} \tag{1'}$$

treten, bei der das 4π-fache des bisherigen D als Feldgröße definiert erscheint. Zur Unterscheidung gegenüber der bisherigen möge die neue Größe durch einen Strich gekennzeichnet und diese Bezeichnung auch bei den übrigen Größen angewendet werden, die sich durch die neue Definition von D' von den bisherigen abheben.

Mit D' wird, wenn die Feldstärkendefinition beibehalten bleibt

$$E' = \frac{F}{Q_2} = K_e \frac{Q_1}{r^2} = E = K_e D'$$

und

$$D' = \frac{1}{K_e} E.$$

Will man nach wie vor

$$D' = \varepsilon' E$$

setzen, so erhält man jetzt aus (421/1)

$$F = \frac{1}{\varepsilon'} \frac{Q_1 Q_2}{r^2} = \frac{1}{\varepsilon_0'} \frac{Q_1 Q_2}{E\, r^2}, \tag{4'}$$

wobei also

$$\frac{\varepsilon'}{\varepsilon} = \frac{\varepsilon_0'}{\varepsilon_0} = 4\pi. \tag{5}$$

Verfährt man auf diese Weise auch mit den übrigen Gleichungen, so bekommt man ein System von gestrichenen Größen bzw. mit diesen geschriebenen Gleichungen, die das „nicht rationale System" bilden, im Gegensatz zur aus der Definition (1) abgeleiteten „rationalen" Schreibweise.

Es ist zunächst gleichgültig, ob man die Gleichungen rational oder nichtrational schreibt. Beide Schreibweisen sind natürlich richtig und angewandt worden. Die eingangs hervorgehobene Stellung des Faktors 4π läßt aber eindeutig die rationale Schreibung als die wesentlich befriedigendere erkennen.

Das elektrostatische Dreiersystem ist ursprünglich als nichtrationales System aufgestellt worden. Man erhält es aus den obigen gestrichenen Gleichungen wiederum durch Fortlassen von ε_0'. Eine Zusammenstellung findet sich in der Tafel I. In rationaler Schreibweise erhält man die

Tafel II. *Rationale Schreibweise der Grundgleichungen der Elektrotechnik*

Gesetz	Schreibweise im rationalen	
	elektrostatischen Maßsystem	elektromagnetischen Maßsystem
Priestleysches Gesetz	$F = \dfrac{1}{4\pi\,E}\dfrac{Q_1 Q_2}{r^2}$	$F = \dfrac{c^2}{4\pi}\dfrac{Q_1 Q_2}{E\,r^2}$
Verschiebung	$\mathfrak{D} = E\,\mathfrak{E}$	$\mathfrak{D} = \dfrac{1}{c^2}\,E\,\mathfrak{E}$
Plattenkondensator	$C = E\,\dfrac{A}{d}$	$C = \dfrac{1}{c_2}\,E\,\dfrac{A}{D}$
Zylinderkondensator	$C = \dfrac{2\pi E l}{\ln(R_a/R_i)}$	$C = \dfrac{1}{c^2}\dfrac{2\pi E l}{\ln(R_a/R_i)}$
Kapazität einer Kugel	$C = 4\pi E R$	$C = \dfrac{4\pi}{c^2}\,E\,R$
Induktion	$E = -L\dfrac{\mathrm{d}I}{\mathrm{d}t};\quad L = \dfrac{\Phi}{I}$	$E = -L\dfrac{\mathrm{d}I}{\mathrm{d}t};\quad L = \dfrac{\Phi}{I}$
Energiedichte des elektrostatischen Feldes	$W_{1e} = \dfrac{E}{2}\,\mathfrak{E}^2 = \dfrac{\mathfrak{E}\,\mathfrak{D}}{2}$	$W_{1e} = \dfrac{1}{c^2}\dfrac{E}{2}\,\mathfrak{E}^2 = \dfrac{\mathfrak{E}\,\mathfrak{D}}{2}$
Coulombsches Gesetz	$F = \dfrac{c^2}{4\pi}\dfrac{M_1 M_2}{M\,r^2}$	$F = \dfrac{1}{4\pi}\dfrac{M_1 M_2}{M\,r^2}$
Magnetische Feldstärke	$\mathfrak{B} = \dfrac{M}{c^2}\,\mathfrak{H}$	$\mathfrak{B} = M\,\mathfrak{H}$
Durchflutungsgesetz	$\oint \mathfrak{H}\,\mathrm{d}\mathfrak{s} = \Sigma I$	$\oint \mathfrak{H}\,\mathrm{d}\mathfrak{s} = \Sigma I$
Kraftgesetz	$F = B I l = \dfrac{M}{c^2}\,H I l$	$F = B I l = M H I l$
Biot-Savartsches Gesetz	$\mathrm{d}H = \dfrac{1}{4\pi}\dfrac{I\,\mathrm{d}l}{r^2}$	$\mathrm{d}H = \dfrac{1}{4\pi}\dfrac{I\,\mathrm{d}l}{r^2}$
Amperesches Gesetz	$F = \dfrac{M}{2\pi c^2}\dfrac{I_1 I_2}{d}\,l$	$F = 2M\dfrac{I_1 I_2}{d}\,l$
Energiedichte des magnetischen Feldes	$W_{1m} = \dfrac{M}{c^2}\,\mathfrak{H}^2 = \dfrac{\mathfrak{B}\,\mathfrak{H}}{2}$	$W_{1m} = \dfrac{M}{2}\,\mathfrak{H}^2 = \dfrac{\mathfrak{B}\,\mathfrak{H}}{2}$
Erste Maxwellsche Gleichung	$\operatorname{rot}\mathfrak{H} = \varkappa\,\mathfrak{E} + E\dfrac{\partial\mathfrak{E}}{\partial t}$	$\operatorname{rot}\mathfrak{H} = \varkappa\,\mathfrak{E} + \dfrac{1}{c^2}\,E\dfrac{\partial\mathfrak{E}}{\partial t}$
Zweite Maxwellsche Gleichung	$\operatorname{rot}\mathfrak{E} = -\dfrac{\partial\mathfrak{B}}{\partial t} = -\dfrac{M}{c^2}\dfrac{\partial\mathfrak{H}}{\partial t}$	$\operatorname{rot}\mathfrak{E} = -\dfrac{\partial\mathfrak{B}}{\partial t} = -M\dfrac{\partial\mathfrak{H}}{\partial t}$
Poyntingscher Vektor	$\mathfrak{S} = \mathfrak{E}\times\mathfrak{H}$	$\mathfrak{S} = \mathfrak{E}\times\mathfrak{H}$
Lichtgeschwindigkeit im Vakuum	$c = \dfrac{1}{\sqrt{\mu_0}}$	$c = \dfrac{1}{\sqrt{\varepsilon_0}}$

Gleichungen der Tafel II. Man erkennt, daß jetzt tatsächlich der Faktor 4π zu den Punktgesetzen bzw. Gleichungen mit Kugelsymmetrie abgewandert ist.

Die Rationalisierung kann aber auch noch auf andere Weise erfolgen. So könnte man beispielsweise eine neue Ladung $Q'' = Q/\sqrt{4\pi}$ definieren und $\varepsilon'' = \varepsilon$ beibehalten. Auch dann rückt der Faktor 4π an die ihm zukommenden Stellen. Diese Möglichkeit und noch andere sollen aber wegen ihrer geringen praktischen Bedeutung nicht weiter ausgeführt werden. Man findet sie ausführlich bei WALLOT [8].

In ganz analoger Weise kann man zu einem rational geschriebenen elektromagnetischen System kommen. Die bezüglichen Gleichungen sind in der zweiten Spalte der Tafel II angegeben.

Schon diese kurzen Andeutungen zeigen, daß das Problem ein ziemlich verwickeltes ist und daß es vor allem eine Reihe von Betrachtungsweisen und Lösungen zuläßt, da es sowohl auf die Größen als auch auf die Einheiten bzw. Maßzahlen bezogen werden kann. Dieser Vielfalt der Möglichkeiten ist es auch zuzuschreiben, daß im Schrifttum vielfach einander widersprechende Meinungen und Behauptungen auftreten, die ihre Entstehung meist der Nichtbeachtung der eigentlichen Grundlagen der gemachten Vorschläge verdanken. Als wichtigstes Streitobjekt erscheint im Zusammenhang mit dem Durchflutungsgesetz die magnetische Erregung H, die daher den nächsten ausführlichen Ausführungen als Beispiel dienen möge.

Aus den Tafeln I und II findet man für das Durchflutungsgesetz die Gleichung

$$\oint H\,\mathrm{d}s = \varSigma\,I \tag{6a}$$

in der rationalen, bzw.

$$\oint H'\,\mathrm{d}s = 4\pi\,\varSigma\,I \tag{6 b}$$

in der nichtrationalen Schreibweise. Da es noch offen steht, ob in beiden Fällen dieselbe Größe H beschrieben wird, ist eine vorläufige Unterscheidung wieder durch Setzung eines Striches für die nichtrationale Schreibweise getroffen. Nun sind aber die Gleichungen der Tafeln I und II eigentlich als Maßzahlgleichungen gedacht, so daß auch

$$\oint \{H\}_r\,\mathrm{d}\{s\} = \varSigma\,\{I\} \tag{7 a}$$

und

$$\oint \{H\}_n\,\mathrm{d}\{s\} = 4\pi\,\varSigma\,\{I\} \tag{7 b}$$

gelten soll. (7 a) und (7 b) sind die rationale (Zeiger r) und nichtrationale (Zeiger n) Schreibweise der Maßzahlgleichungen. Zu jeder der beiden

Größengleichungen (6) kann man beide Formen (7) der Maßzahlgleichungen setzen, so daß aus (7 a) und (7 b)

$$\{H_n\} = 4\pi\,\{H_r\} \tag{8}$$

folgt, weil ja die Maßzahl des Stromes in beiden Schreibweisen dieselbe ist.

Man kann nun die Forderung aufstellen, daß unabhängig davon, ob die rationale (7 a) oder die nichtrationale Schreibweise (7 b) angewendet wird, jedesmal dieselbe physikalische Größe „Erregung" zugrunde liegen soll. Es ist dann

$$H_r = H_n = H; \qquad H'_r = H'_n = H' \tag{9}, \tag{10}$$

und nach (7)

$$\oint \{H\}_r\,d\{s\} = \Sigma\,\{I\}; \qquad \oint \{H'\}_r\,d\{s\} = \Sigma\,\{I\} \tag{11}$$

und

$$\oint \{H\}_n\,d\{s\} = 4\pi\,\Sigma\,\{I\}; \qquad \oint \{H'\}_n\,d\{s\} = 4\pi\,\Sigma\,\{I\}, \tag{12}$$

woraus

$$\{H\}_n = 4\pi\,\{H\}_r; \qquad \{H'\}_n = 4\pi\,\{H'\}_r. \tag{13}$$

Will man also sowohl in der rationalen (6 a) als auch in der nichtrationalen Form (6 b) der zugehörigen Größengleichung bei beiden Schreibweisen der Maßzahlgleichungen, der rationalen (11) und der nichtrationalen (12), mit H, bzw. H', jedesmal dieselbe physikalische Größe „Erregung" verstehen, so wird aus (9), (10) und (13)

$$H = \{H\}_r\,(H)_r = \{H\}_n\,(H)_n; \qquad H' = \{H'\}_r\,(H')_r = \{H'\}_n\,(H')_n$$

und damit

$$(H)_n = \frac{1}{4\pi}\,(H)_r; \qquad (H')_n = \frac{1}{4\pi}\,(H')_r. \tag{14}$$

Man erhält dann also unabhängig von der Schreibweise der Größengleichung für die nichtrationale Form der Maßzahlgleichungen eine Einheit, die 4π mal so klein ist als die rationale Einheit. Während also die Größe H, bzw. H', beim Wechsel rational-nichtrational unverändert bleibt, ändert sich die Einheit und die Maßzahl in dem Faktor 4π, bzw. $1/4\pi$. Maßzahlgleichung und Größengleichung haben nur dann dieselbe Form, wenn beide rational oder beide nichtrational geschrieben werden. Nur dann bilden also auch die Einheiten (H), (l), (I) ein kohärentes System.

Die bisherige Betrachtung ist eigentlich aus der Beurteilung lediglich der Maßzahlgleichungen, nämlich der Gl. (7) ausgegangen. Geht man nun zurück auf die grundlegenden, physikalischen Größengleichungen, das sind also die Gln. (6), dann sollen diese doch ein und dasselbe Phänomen beschreiben. Nach einmal erfolgter Definition von I muß also

$$\oint H'\,ds = 4\pi \oint H\,ds$$

und somit

$$H' = 4\pi H \tag{15}$$

sein. H und H' sind also verschieden definierte Größen, die sich allerdings nur durch den Zahlenfaktor 4π voneinander unterscheiden, ähnlich wie etwa die Frequenz f und die Kreisfrequenz $\omega = 2\pi f$.

Definiert man gemäß (15) zwei verschiedene „Erregungen", dann muß man jetzt aber die Maßzahlen unverändert lassen, damit beim Übergang von der rationalen in die nichtrationale Schreibweise der Größengleichung auch in den Maßzahlgleichungen wunschgemäß dieselbe formale Veränderung eintritt. Es ist dann ja mit

$$H = \{H\}\,(H);\qquad H' = \{H'\}\,(H'),$$

$$\oint \{H\}\,d\{s\} = \Sigma\,\{I\};\qquad \oint \{H'\}\,d\{s\} = 4\pi\,\Sigma\,\{I\}$$

und mit (15)

$$\{H'\} = 4\pi\,\{H\} \tag{16}$$

$$(H') = (H). \tag{17}$$

Für beide Schreibweisen der Grundgleichung sind also dieselben Einheiten zu verwenden.

Die rationale Schreibweise der Maßzahlgleichung hat jetzt dieselbe Form wie die rationale Schreibweise der Größengleichung, und dasselbe gilt von den nichtrationalen Schreibweisen.

Das Problem der Rationalisierung kann also in zwei grundlegend verschiedenen Arten angegangen werden, nämlich durch Rationalisierung der Einheiten (14) oder durch Rationalisierung der Größen (15). Im ersten Fall bleiben die Größen unberührt (9), (10) und es ändern sich die Einheiten (14); im zweiten Fall bleiben die Einheiten erhalten (17) und die Größen werden verschieden definiert (15). Diese unterschiedlichen, meist nicht erkannten und daher auch selten klar ausgesprochenen Möglichkeiten, haben zu Verwirrungen geführt, die sich vor allem in den Umrechnungsfaktoren zwischen den Einheiten verschiedener Systeme kundtaten.

Im natürlichen m kg V A-System (GIORGI-Einheiten) ist die Einheit der magnetischen Erregung nach (6 a) und (7 a)

$$(H)_G = (H)_{rG} = 1\,A/m, \tag{18}$$

weil in diesem System nur die rationale Schreibweise der Größengleichung und dazu auch nur die rational geschriebene Maßzahlgleichung verwendet wird. Würde die Maßzahlgleichung nichtrational geschrieben werden, dann wäre

$$(H)_G = (H)_{nG} = \frac{1}{4\pi}\,(H)_{rG} = \frac{1}{4\pi}\,A/m. \tag{19}$$

Im Gegensatz hiezu ist im vierdimensionalen g cm s (μ)-System, wenn in diesem wie üblich die Größengleichung irrational geschrieben wird, mit (6 b) und (12)

$$(H')_{nm} = 1\,(I)_m/cm, \tag{20 a}$$

bzw. mit (6 b) und (11)

$$(H')_{rm} = 4\pi\,(I)_m/\text{cm}. \tag{20 b}$$

Vergleicht man andererseits die beiden Schreibweisen der Größengleichungen mit den Maßzahlgleichungen gleicher Schreibweise, so bleiben nach (17) die Einheiten erhalten und es wird $(H)_G = (H)_{rG} = 1\,\text{A/m}$ wie unter (18), und $(H')_m = (H')_{nm} = 1\,(I)_m/\text{cm}$. Die Zuordnungen gehen also nach dem Schema:

	Schreibweise der		
		Maßzahlgleichung	
Größengleichung		rational	nichtrational
		$\oint \{H\}\,d\{s\} = \Sigma\{I\}$	$\oint \{H\}\,d\{s\} = 4\pi\,\Sigma\{I\}$
rational	$\oint H\,ds = \Sigma I$	$(H)_r = \dfrac{(I)}{(l)}$	$(H)_n = \dfrac{1}{4\pi}\dfrac{(I)}{(l)}$
nichtrational	$\oint H\,ds = 4\pi\,\Sigma I$	$(H')_r = 4\pi\dfrac{(I)}{(l)}$	$(H')_n = \dfrac{(I)}{(l)}$

aus dem sich unmittelbar die folgenden Umrechnungszahlen für die Einheiten ergeben

	$(H)_r$	$(H')_r$	$(H)_n$	$(H')_n$
$(H)_r$ =	1	$1/4\pi$	4π	1
$(H')_r$ =	4π	1	$16\pi^2$	4π
$(H)_n$ =	$1/4\pi$	$1/16\pi^2$	1	$1/4\pi$
$(H')_n$ =	1	$1/4\pi$	4π	1

Ein strittiger Punkt ist das Verhältnis der Einheiten Oersted und Ampere/Meter für die magnetische Erregung. Auf Grund der obigen Zusammenstellung ist es nicht schwer, hierüber ein klares Bild zu bekommen. Dazu ist zunächst zu erinnern, daß das Oersted als elektromagnetische Einheit definiert ist als

$$1\,\text{Oe} = 1\,(I)_m/\text{cm}. \tag{21}$$

Es ist also eine Einheit eines Dreiersystems, was bei Einheitenbeziehungen — wenn sie physikalisch richtig bleiben sollen — berücksichtigt werden

muß. Man kann allerdings vorerst das Oersted auch als dem Vierersystem $1\,t\,m\,\mu$ angehörig ansehen, wodurch es dann mit jedem anderen
Vierersystem in unmittelbare Beziehung gebracht werden kann. Behält
man diese Vorstellung zunächst bei und übernimmt man noch aus dem
GAUSSschen Maßsystem die Einheit

$$(I)_g = 1\,A_g = 10^{-1}\,(I)_m,$$

indem man auch diese in das $1\,t\,m\,\mu$-System umdeutet, dann ergeben
sich aus den Gleichungen (18) bis (21) und der Tab. 12 auf S. 72 ff.
ohne Schwierigkeit die Beziehungen

$$(H)_{rG} = A_G/m = 10^{-2}\,A_g/cm = 10^{-3}\,(I)_m/cm = 10^{-3}\,Oe. \qquad (22)$$

Natürlich ergibt sich das auch umgekehrt aus

$$(H')_{nm} = 1\,(I)_m/cm = 1\,Oe = 10\,A_g/cm = 10^3\,A_G/m \qquad (22\,a)$$

oder aus

$$(H)_{nm} = \frac{1}{4\,\pi}\,(I)_m/cm = \frac{1}{4\,\pi}\,Oe = \frac{1}{4\,\pi}\,10\,A_g/cm = \frac{1}{4\,\pi}\,10^3\,A_g/m,$$

womit eindeutig

$$1\,Oe = 10^3\,A_G/m.$$

Ein spezielles Beispiel ergäbe sich etwa mit

$$\Sigma I = 4\,A_G,$$

$$\oint H\,ds = H \cdot 2{,}5\,m.$$

Es ist dann

$$\{H\}_{rG} = \frac{4}{2{,}5} = 1{,}6$$

und mit

$$(H)_{rG} = 1\,A_G/m,$$
$$H_r = 1{,}6\,A_G/m.$$

Andererseits wird

$$\{H'\}_{nm} = 4\,\pi\,\frac{4 \cdot 10^{-1}}{250} = 4\,\pi \cdot 1{,}6 \cdot 10^{-3},$$

$$(H')_{nm} = 1\,Oe$$

und

$$H'_n = 4\,\pi \cdot 1{,}6 \cdot 10^{-3}\,Oe.$$

Der kurze Schluß, es handle sich jedesmal um dasselbe Feld, so daß

$$H_r = H'_n = 1{,}6\,A/m = 4\,\pi \cdot 1{,}6 \cdot 10^{-3}\,Oe$$

ist, führt zum falschen Ergebnis

$$1\,Oe = \frac{10^3}{4\,\pi}\,A_G/m.$$

H und H' sind eben zwei verschiedene Größen, die nicht gleichgesetzt
werden dürfen. Da sie im Verhältnis $1 : 4\,\pi$ stehen, hebt sich die obige
Ungereimtheit wieder auf.

Es ist nun noch eine Bemerkung zu machen. Die Einheit A_G/m ist eine Virereinheit, die Einheiten Oe und $A_g = 10^{-1}\,(I)_m$ sind Dreiereinheiten, wenn man sie wieder auf das ursprüngliche elektromagnetische Maßsystem zurückstellt. Obwohl also ihre Ausmaße den Gleichungen

$$|Oe| = 10^3\,|A_G/m|,$$
$$|A_g| = |A_G|$$

genügen, haben sie verschiedene Dimensionen

$$[Oe] \neq [A_G/m],$$
$$[A_g] \neq [A_G] \equiv [A]$$

und es darf daher in der Beziehung zwischen dem Oersted und dem Ampere/Meter kein Gleichheitszeichen stehen. Es ist somit endgültig, wenn noch das GIORGISche Ampere einfach mit A bezeichnet wird,

$$1\,Oe \mathrel{\hat{=}} 10^3\,A/m. \tag{23}$$

Auf der anderen Seite kann natürlich auch nach dem Verhältnis $\{H'\}_{nm} : \{H\}_{rG}$ der Maßzahlen gefragt werden. Es ergibt sich aus (15) und (23) zu

$$\{H'\}_{nm} = \frac{4\,\pi}{10^3}\,\{H\}_{rG} \tag{24 a}$$

oder

$$\{H\}_{rG} = \frac{10^3}{4\,\pi}\,\{H'\}_{nm}. \tag{24 b}$$

Um also beispielsweise die Maßzahl der magnetischen Erregung H bei Verwendung der GIORGISchen Einheit A/m zu bekommen, wenn die Maßzahl von H' bei Verwendung der elektromagnetischen Einheit Oersted gegeben ist, ist letztere mit $10^3/4\,\pi$ zu multiplizieren. Im Beispiel auf S. 91 war

$$H'_n = 4\pi \cdot 1{,}6 \cdot 10^{-3}\,Oe, \qquad \{H'\}_{nm} = 4\pi \cdot 1{,}6 \cdot 10^{-3} = 21{,}17 \cdot 10^{-3}$$

und daher

$$\{H\}_{rG} = \frac{10^3}{4\,\pi}\,\{H'\}_{nm} = 1{,}6$$

und

$$21{,}17 \cdot 10^{-3}\,Oe\,|_{H'} \mathrel{\hat{=}} 1{,}6\,A/m\,|_H.$$

Natürlich bleibt davon unberührt

$$1{,}6 \cdot 10^{-3}\,Oe\,|_H \mathrel{\hat{=}} 1{,}6\,A/m\,|_H.$$

Selbstverständlich könnte in (23) auch das Gleichheitszeichen bestehen bleiben, wenn man ein vierdimensionales Oersted (Oe_G) neu definieren würde, das in seinem Ausmaß dem dreidimensionalen Oersted gleichkommt. Genauer wäre also zu schreiben

$$1\,Oe_m = 1\,(I)_m/cm, \qquad 1\,(I)_m = 10\,A_g,$$
$$1\,Oe_G = 10\,A_G/10^{-2}\,m = 10^3\,A_G/m.$$

Erst wenn Oe_G und A_G definitionsgemäß in das Vierersystem übernommen werden, entsteht die Beziehung (23) mit dem Gleichheitszeichen. Ein

Bedürfnis hiezu liegt aber nicht vor, weil in vielen Fällen eine Unterscheidung zwischen Oe_G und $Oe_m = Oe_g$ notwendig ist. Im Gegenteil besteht ja die Tendenz, das Oersted ganz aufzugeben.

In gleicher Weise, wie das für die magnetische Erregung gezeigt wurde, verfährt man nun auch mit den anderen, durch die Rationalisierung berührten Größen. Nimmt man, wie es heute vor allem propagiert wird [9], die Rationalisierung bei den Größen vor und nicht bei den Einheiten, dann erhält man die in Tab. 15 aufgeführten neuen Größen, die wieder durch einen Strich gekennzeichnet sind. Ihr Zusammenhang mit den rationalen Größen ist ebenfalls angegeben.

Tabelle 15. *Durch die Rationalisierung berührte Größen der Elektrotechnik*

Größe	Zusammenhang mit der rationalen Größe
Elektrische Verschiebung	$D' = 4\pi D$
Magnetische Erregung	$H' = 4\pi H$
Magnetische Polarisation	$P'_m = \dfrac{1}{4\pi} P_m$
Dielektrizitätskonstante	$\varepsilon' = 4\pi\varepsilon$
Permeabilität	$\mu' = \dfrac{1}{4\pi}\mu$
Elektrische Suszeptibilität	$\zeta' = \dfrac{1}{4\pi}\zeta$
Magnetische Suszeptibilität	$\varkappa' = \dfrac{1}{4\pi}\varkappa$

Bei der Rationalisierung nicht beeinflußt werden
die elektrische Feldstärke E,
die magnetische Feldstärke B,
die elektrische Polarisation P_e,
der magnetische Fluß Φ.

§ 424 Fünfersysteme

In § 4235 wurde bereits ein wenn auch verstecktes Fünfersystem erwähnt, es ist das scheinbar als Dreiersystem auftretende GAUSSsche Maßsystem, dessen Größen in der fünfdimensionalen Schreibweise in Tab. 14 angeführt wurden. Es ist auch die Rolle der Lichtgeschwindigkeit aufgezeigt worden, die als zusätzliche, aber physikalisch unbegründete Systemkonstante erscheint.

Man hat nun in letzter Zeit, offenbar inspiriert durch die Erfolge der Vierersysteme, auch bewußt und zielstrebig Fünfersysteme propagiert [10, 11] und gemeint, damit „noch aufschlußreicher" sein zu können als mit vier Grundeinheiten, denn allgemein „wird eine Dimensionsbetrachtung um so erfolgreicher sein, je mehr unabhängige Einheiten ihr zur Verfügung stehen". Daß das ein Trugschluß ist, wurde in den §§ 321 und 322 ausführlich dargetan. Es wurde dort gezeigt, daß die Natur selbst den Grad der Maßsysteme vorschreibt und daß jede willkürliche Abweichung von dieser natürlichen Gegebenheit nicht nur keinen größeren Aufschluß gibt, sondern im Gegenteil nur Verwirrung stiftet und Fehlerquellen hervorruft.

Es gibt nur eine stichhaltige Begründung zur Einführung eines Fünfersystems, nämlich die Erkenntnis, daß eine bisher als abgeleitet aufgefaßte Größe weiterhin nicht mehr als solche gelten kann, da neuere Erfahrungen ihre Ableitung aus anderen, bekannten Größen nicht mehr zuläßt und sie daher von nun an als selbständige, nicht mehr weiter definierbare Größe angesehen werden muß. Dann allerdings ist das Fünfersystem eine zwingende Notwendigkeit und das Vierersystem nicht mehr etwa unzweckmäßig, sondern falsch. Die neue Erkenntnis müßte dann unweigerlich zu einer Revision der bisherigen Vierersysteme und ihrer Umwandlung in ein geeignetes Fünfersystem führen.

Eine solche Notwendigkeit wird manchmal in der Verbindung zwischen den magnetischen und elektrischen Größen gesehen. Diese Verbindung tritt zum Beispiel sehr sinnfällig im Durchflutungsgesetz in Erscheinung, in dem auf der einen Seite der Gleichung die als magnetische Größe angesehene magnetische Umlaufspannung $\oint H\,\mathrm{d}s$ und auf der anderen Seite die elektrische Stromdurchflutung ΣI steht. Faßt man diese beiden Größen als voneinander unabhängige Größen auf, so muß deren, aus der Erfahrung erkannte Proportionalität durch Setzen eines Proportionalitätsfaktors, also etwa in der Form

$$\gamma \oint H\,\mathrm{d}s = \Sigma I \tag{1}$$

ausgedrückt werden. Diese fünfte Grundgröße stellt dann, wie schon im § 24 ausgeführt wurde, eine Naturkonstante dar, die nun auch in den anderen Gleichungen auftritt. Man kann sie nachträglich auch als abgeleitete Größe ansehen, wenn man eine andere magnetische Größe als fünfte Grundgröße festlegt. Hiezu bietet sich vor allem die magnetische Polstärke an, weil dann die rein magnetischen Beziehungen vollständig analog zu den rein elektrischen werden. Neuere Erkenntnisse der Physik, wie die Erscheinung des magnetischen Momentes beim Neutron, das an keine elektrische Ladung gebunden zu sein scheint, geben dieser Ansicht eine gewisse Berechtigung. Die experimentellen Erfahrungen dürfen aber noch keineswegs als so gesichert angesehen werden, daß man heute schon einen Übergang von Vierer- auf Fünfersysteme als notwendig ansehen könnte. Die Ausführungen in § 421 (z. B. bei Gl. (6) bis (10)) zeigen vielmehr, daß die Verbindung zwischen elektrischen und magnetischen Größen bereits durch die Naturkonstante μ_0 erfolgt und daß daher nach dem heutigen, gesicherten Stand der Physik eine weitere „Naturkonstante" γ derzeit jedenfalls noch überflüssig, wenn nicht irreführend erscheint. Damit ist es aber auch nicht notwendig, eine neue Grundgröße Polstärke einzuführen, da sich diese sofort aus dem Kraftgesetz

$$F = M\,B$$

mit

$$M = \frac{F}{B} = \frac{\Phi}{\mu} = H\,A \tag{2}$$

ergibt, soferne heute überhaupt noch ein Bedürfnis zur Definition dieser Größe besteht.

§ 43 Die Maßsysteme der Wärmelehre

§ 431 Die Stoffmenge

In vielen Gebieten der Physik und Technik, vor allem aber in der Wärmelehre und Chemie wird ein schwer erfaßbarer und daher auch viel umstrittener Begriff gebraucht, der für manche Anwendungen unentbehrlich erscheint. Es ist die „Stoffmenge", die vor allem überall dort eine wesentliche Rolle spielt, wo viele gleiche Einzelteile als Ganzes wirksam werden und wo dann meist das durchschnittliche Verhalten der Einzelteile ein kennzeichnendes Bild der Gesamtwirkung vermittelt.

Das Wort „Menge" wird zwar sehr viel verwendet, wegen der Schwierigkeit der Definition aber meist nicht exakt umschrieben und gibt so zu sehr unterschiedlichen Deutungen Veranlassung. Man unterscheidet zwar häufig und ausdrücklich zwischen extensiven und intensiven, oder Mengen- und Kraftgrößen und versteht unter den ersteren Größen mit mehr oder minder räumlicher Ausdehnung, die man sich nicht anders als aus Teilen zusammengesetzt denken kann. Im Gegensatz hiezu sind die Intensitätsgrößen nur als Ganzes vorstellbar, mit einem Betrag, der kontinuierlich von Null bis zu einem beliebigen Wert anwachsen kann. Eine präzise Definition der Menge ist durch beide Begriffe aber noch nicht gegeben. Beispiele für intensive Größen sind Geschwindigkeiten, Kräfte, Feldstärken, für Mengengrößen Massen, Ladungen, Energien usw. Die ersteren haben meist Vektorcharakter, während die letzteren stets Skalare sind.

Nun ist zwar die Masse eine Mengengröße, aber keine Menge, ebenso wie etwa die elektrische Ladung. Trotzdem verstehen manche unter der Menge eines Stoffes dessen Masse, andere aber dessen Gewicht oder dessen Volumen. Gewiß sind Masse, Gewicht und Volumen kennzeichnende Eigenschaften einer Stoffmenge und stellen damit brauchbare Maße derselben dar, aber sie bleiben damit doch nur die bekannten

Wesensarten Masse, Gewicht, Volumen mit den diesen eigentümlichen Dimensionen.

Offensichtlich gehört zum Begriff der Menge ein Zählvorgang oder das Ergebnis einer Zählung. Eine so definierte Größe ist die Anzahl der Einzelteile oder Partikel, aus der die vorgelegte Stoffmenge besteht, eine Größe, die von Masse, Gewicht und Volumen der Stoffmenge unabhängig ist. Allerdings gehört dann zur Angabe der Anzahl noch wesentlich die Nennung des Stoffes (Holz, Eisen, Wasser, Elektrizität usw.).

Gewiß kann die Menge eines Stoffes auch eindeutig durch die Nennung einer der Stoffmengeneigenschaften angegeben werden. So wurde beispielsweise das Mol eines Stoffes meistens als jene Menge des Stoffes definiert, deren Grammzahl gleich ist dem Molekulargewicht des Stoffes. Gemeint ist damit, daß die Maßzahl der Masse der Stoffmenge dem Molekulargewicht des Stoffes gleich sein soll. Zur Definition der Stoffmengeneinheit wird also die Eigenschaft „Masse" der Stoffmenge herangezogen, ohne daß aber damit etwa die Masseneinheit gleichzeitig als Stoffmengeneinheit definiert würde. Damit bleibt aber eine wirkliche Stoffmengeneinheit im Dunkel und es ist verständlich, wenn immer wieder Stoffmenge und Masse als dimensionell gleich angesehen und als Einheit der Stoffmenge das Gramm angegeben wurde.

Nach einer anderen Definition ist das Mol die „Normalmenge" von L Molekülen des betrachteten Stoffes, wobei L die LOSCHMIDTsche Zahl, nämlich

$$L = 6{,}0244 \cdot 10^{23}$$

bedeutet. Jedes Mol irgend eines Stoffes enthält ja stets die gleiche Anzahl von L Molekülen. Bei dieser Definition handelt es sich ganz klar um eine (Teilchen-)Anzahl und keinesfalls um eine Masse oder eine andere Eigenschaftsgröße des Stoffes, also um eine reine Zahl ohne Dimension.

Wird die erste Definition noch bestimmter so ausgesprochen, daß das Mol jene Masse des Stoffes in Gramm sein soll, deren Maßzahl gleich dem Molekulargewicht des Stoffes ist, so ist der Begriff Stoffmenge unnötig, da er ja bereits durch den Begriff Masse erfaßt wird. Das Mol wäre dann nichts anderes als eine weitere Masseneinheit. Als einzig sinnvoll, das heißt als Neueinführung vertretbar, erscheint daher nur eine Definition der Stoffmenge durch die Anzahl der die Menge bildenden gleichen Teilchen (Partikel, Moleküle, Atome, usw.). Man findet diese Partikelzahl, indem man eine bestimmte Kenngröße der Stoffmenge durch dieselbe Größe der einzenen Partikel dividiert. Als solche Kenngröße eignet sich die Masse, das Normgewicht oder das Normvolumen. In bevorzugtem Maße wird aber die Masse verwendet. Es ist dann die Partikelzahl $\{N\}$ einer Stoffmenge der Quotient aus der Gesamtmasse derselben zur Masse der einzelnen Partikel. Wird als Partikel das Atom oder Molekül gewählt, so ist

$$\{N\} = \frac{m}{m_{Molekül}} . \tag{1}$$

Die Partikelzahl ist dann also eine „dimensionslose" Größe mit der Dimension $[m]^0$.

Das Arbeiten mit solchen dimensionslosen, eine Anzahl darstellenden Größen muß mit gewisser Vorsicht vorgenommen werden, weil die Einheiten dieser Größen ebenso reine Zahlen sind wie ihre Maßzahlen. Ein einfaches Beispiel aus dem Alltag möge das Wesentliche des Problems beleuchten. Es sei etwa der Preis einer einzelnen Feder gegeben. Er betrage p_1. Dann kann etwa geschrieben werden

$$p_1 = \{p_1\}\,(p_1) = \{p_1\}\,S, \tag{a}$$

wenn etwa als Preiseinheit der Schilling gewählt wird. Natürlich kann der Preis nur in Schillingen angegeben werden und nicht etwa in Schillingen je Stück, da die Stückeinheit bereits in p_1 begrifflich enthalten ist.

Der Preis für eine Anzahl z von gleichen Federn ergibt sich dann mit der Definition

$$z = \zeta \text{ Stück} \tag{b}$$

für die neue Anzahl z zu

$$p_z = \zeta\,\{p_1\}\,S. \tag{c}$$

Insbesondere gilt etwa für das Dutzend

$$D = 12 \text{ Stück}, \tag{d}$$

$$p_D = 12\,p_1 = 12\,\{p_1\}\,S. \tag{e}$$

Natürlich ist auch dieser Preis nur in Schillingen (reinen Währungseinheiten) richtig angegeben. Es handelt sich eben um die Nennung des „Stückpreises" oder des „Dutzendpreises".

Man kann allerdings auch eine andere Preisangabe machen, indem man einfach vom „Federpreis" spricht und dann schreibt

$$p = \{p\}\,\frac{S}{\text{Stück}} = \zeta\,\{p\}\,\frac{S}{z}, \tag{f}$$

oder im besonderen

$$p = \{p\}\,\frac{S}{\text{Stück}} = 12\,\{p\}\,\frac{S}{D} = \{p_D\}\,\frac{S}{D}, \tag{g}$$

indem in bekannter Weise von der Einheitenbeziehung (b) oder speziell von (d) Gebrauch gemacht wurde. Natürlich beschreiben (f) und (g) denselben Preis.

Auf die Stoffmenge angewendet, kann also eine Partikel oder ein beliebiges Vielfaches als Einheit gewählt werden. Die Wahl kann nach reinen Zweckmäßigkeitsgründen erfolgen. Da bei den praktischen Anwendungen meist sehr große Partikelzahlen auftreten, wird es zweckmäßig sein, entsprechend große Einheiten zu verwenden. Besonders eignet sich die Partikelzahl 10^{24}, die von UHLICH eingeführt wurde. Die Mengeneinheit

$$(N)_D \equiv N_D = 10^{24} \text{ Partikel} = 1 \text{ D-Mol} \tag{2}$$

wird dann auch dekadisches Mol genannt.

Daneben wird auch die Mengeneinheit

$$(N)_L \equiv N_L = 6{,}026 \cdot 10^{23} \text{ Partikel} = 1 \text{ L-Mol}^{[1]} \tag{3}$$

verwendet, die als chemisches oder LOSCHMIDTsches Mol bezeichnet wird. Diese Einheit ergab sich historisch aus einer Betrachtung der Atomgewichtsverhältnisse.

In der Chemie und Wärmelehre werden nun neben den Mengeneinheiten noch mit diesen in Verbindung stehende, spezielle Masseneinheiten verwendet, die ebenfalls mit Mol bezeichnet wurden und in der Folge von den Mengen-Mol durch die Vorsilbe „Gramm" unterschieden werden sollen. Es sind dies von Stoff zu Stoff verschiedene Einheiten, die sich aus der Mengeneinheit durch Multiplikation mit der Molekülmasse bei Verwendung der Masseneinheit Gramm ergeben. Nach (2) und (3) werden also definiert das dekadische Gramm-Mol

$$(m)_D \equiv M_D = \{N_D\}\, m_Z \tag{4}$$

und das klassische oder LOSCHMIDTsche Gramm-Mol

$$(m)_L \equiv M_L = \{N_L\}\, m_Z = A \text{ g.} \tag{5}$$

Darin bedeutet m_Z die Masse eines Moleküles des gegebenen Stoffes und A das Atom- (bzw. Molekular-)Gewicht

$$A = \frac{16\, m_Z}{m_O},$$

nämlich das Verhältnis der Masse eines Atoms des gegebenen Stoffes zur Masse eines Atoms Sauerstoff, wobei letzterer vereinbarungsgemäß das Atomgewicht 16 erhalten soll. Die Gramm-Mole sind also die Molmassen.

Wie schon erwähnt, sind die Gramm-Mole individuelle Einheiten, die zu ihrer eindeutigen Angabe die Nennung des Stoffes benötigen. Es ist also auch ein direkter Vergleich zwischen Gramm-Molen verschiedener Stoffe nicht möglich. Ein Gramm-Mol des zweiatomigen Wasserstoffes H_2 errechnet sich zum Beispiel aus der Atommasse

$$m_{H_2} = 2 \cdot 1{,}674 \cdot 10^{-24} \text{ g} = 3{,}348 \cdot 10^{-24} \text{ g}$$

zu

$$(M_D)_{H_2} = 10^{24} \cdot 3{,}348 \cdot 10^{-24} \text{ g} = 3{,}348 \text{ g } H_2,$$

beziehungsweise

$$(M_L)_{H_2} = 6{,}026 \cdot 10^{23} \cdot 3{,}348 \cdot 10^{-24} \text{ g} = 2{,}016 \text{ g } H_2,$$

wobei die letzte Maßzahl nach (5) auch gleich sein muß dem Atomgewicht $2 \cdot 1{,}008$ von H_2O.

Für Sauerstoff ist mit $m_O = 26{,}5 \cdot 10^{-24}$ g

$$(M_D)_O = 10^{24} \cdot 26{,}5 \cdot 10^{-24} \text{ g} = 26{,}5 \text{ g } O,$$

$$(M_L)_O = 6{,}026 \cdot 10^{23} \cdot 26{,}5 \cdot 10^{-24} \text{ g} = 16 \text{ g } O.$$

---

[1] Es sind auch die kürzeren Bezeichnungen Mol für das dekadische und mol für das LOSCHMIDTsche Mol vorgeschlagen worden.

Natürlich darf jetzt

$$(M_D)_O = \frac{26{,}5}{3{,}348}\,(M_D)_{H_2} = 7{,}91\,(M_D)_{H_2}$$

nur mit Vorsicht geschrieben werden, da ja Wasserstoffmassen niemals Sauerstoffmassen gleichgesetzt werden können. Die Gleichung hat nur einen Sinn, wenn die Massen als solche verglichen werden sollen, unabhängig von der Stoffart.

Erwähnt sei noch, daß der Masseneinheit M_D vor M_L zweifellos der Vorzug gebührt, weil die Mengeneinheit N_D ein für alle Male festliegt, während sich N_L mit wechselnder Meßgenauigkeit ändert.

Mißt man Stoffmengen mit den Partikeleinheiten, dann ergeben sich bei einer gegebenen Stoffmenge mit N Partikeln (Molekülen) die Maßzahlen

$$\{N\}_D \equiv \{n_D\} = \frac{N}{N_D} = \frac{\{N\}\,\text{Partikel}}{N_D} = \frac{\{N\}}{10^{24}} = \frac{M_Z}{M_D} \qquad (6)$$

und

$$\{N\}_L \equiv \{n_L\} = \frac{N}{N_L} = \frac{\{N\}\,\text{Partikel}}{N_L} = \frac{\{N\}}{6{,}026 \cdot 10^{23}} = \frac{M_Z}{M_L}, \qquad (7)$$

die auch **dekadische** und **klassische Molzahlen** genannt werden. Dabei ist

$$M_Z = \{N\}\,m_Z$$

die Gesamtmasse der gegebenen Stoffmenge. Die Molzahlen geben also an, aus wieviel Molen die vorgelegte Stoffmenge besteht. Sie können jetzt auch zu den Einheiten D-Mol und L-Mol zugesetzt werden, da ja

$$N = \{N\}\,\text{Partikel} = \{n_D\}\,D\text{-Mol} = \{n_D\}\,N_D = \{n_L\}\,L\text{-Mol} = \{n_L\}\,N_L. \qquad (8)$$

Für eine gegebene, beliebige Stoffmenge ist

$$\{N\} = 10^{24}\,\{n_D\} = 6{,}026 \cdot 10^{23}\,\{n_L\}$$

oder

$$\{n_D\} = 0{,}6026\,\{n_L\}, \qquad (9)$$

womit das gegenseitige Verhältnis der beiden Molzahlen erhalten wurde.

Man bezeichnet jetzt auch gerne Größen, die auf Moleküle bezogen werden, als molekulare, und wenn sie auf Mole bezogen werden, als molare Größen. Die oben definierten Molzahlen sind also zum Beispiel molare Größen, und zwar „molare Mengen". Die entsprechende molekulare Größe ist N.

Ein anderes Beispiel einer molaren Größe ist das molare Volumen oder Molvolumen als Quotient aus Gesamtvolumen und Molzahl,

$$v_D = \frac{V}{\{n_D\}} = \frac{V}{M_Z}\,M_D = v\,M_D, \qquad (10)$$

beziehungsweise

$$v_L = \frac{V}{\{n_L\}} = \frac{V}{M_Z}\,M_L = v\,M_L. \qquad (11)$$

Das ist also auch das Produkt aus spezifischem Volumen und Molmasse.

§ 432 Das thermische Vierersystem

Bei der Untersuchung und Darstellung der thermischen Erscheinungen stieß man auf eine neue Größe, die man zunächst nicht auf die bekannten mechanischen Grundgrößen zurückführen konnte.   Sie leitete sich aus den Wärmeempfindungen ab, die in bestimmten Zuständen befindliche Körper auf der Haut hervorrufen und als Temperatur der Körper bezeichnet wurden. Dieser Empfindung konnte man bald präzisere Auswirkungen beigesellen, wie die Ausdehnung der Körper bei Erwärmung, ihre Verfärbung, das Entstehen von elektrischen Spannungen usw. Alle diese Erscheinungen konnten dazu dienen, die Stärke der Erwärmung zu messen und letztlich durch die Feststellung des Vorhandenseins einer gemeinsamen Eigenschaft den Begriff der Temperatur zu bilden. Als Grundlage der Messung diente dabei einesteils die Erfahrung, daß gewisse Erscheinungen, wie zum Beispiel das Schmelzen des Eises und Sieden des Wassers bei konstantem Druck immer bei derselben Temperatur erfolgt und daß andere Erscheinungen, wie etwa die Ausdehnung der Körper bei Erwärmung in bestimmten Bereichen linearen Gesetzen gehorcht.

Dieser an den Körpern haftende Zustand Temperatur, der eine Qualitätsgröße darstellt, konnte aber in vielen Fällen nur durch Zu- oder Abfuhr von Energie geändert werden, was schließlich zur Erkenntnis führte, daß es eine besondere Energieform gibt, die als Mengengröße von Körper zu Körper übertragen werden kann und die Wärme genannt wird. Die Wärme oder Wärmemenge Q hat also die Dimension

$$[Q] = [E] = [F]\,[l] = [m]\,[l]^2\,[t]^{-2}$$

und die Einheit

$$(Q) = 1\ \text{Joule.}$$

Damit ordnet sich die Wärmelehre zwangslos an die Mechanik an, indem zu den dort vorhandenen Größen die Temperatur als vierte Grundgröße hinzutritt und die weiteren Wärmebegriffe aus diesen vier Grundgrößen ohne Schwierigkeiten abgeleitet werden können.

Dem entspricht auch eine Untersuchung nach § 321, wenn man die zwei hier vorhandenen Erfahrungsgesetze

$$p\,V = R\,m\,\vartheta \tag{1}$$

und

$$\frac{\mathrm{d}Q}{\mathrm{d}t} = \lambda\,F\,\frac{\mathrm{d}\vartheta}{\mathrm{d}n} \tag{2}$$

zugrunde legt, in denen

p den Gasdruck,

m die Masse,

V das Volumen,

R die Gaskonstante,

ϑ die Temperatur,

Q die Wärmemenge,

λ die Wärmeleitzahl,

n die Normale zur Strömungsfläche

bedeuten. In diesen zwei Gleichungen sind die sechs Größen m, l, t, R, ϑ, λ enthalten. Es müssen also $6 - 2 = 4$ Grundgrößen gewählt werden, so daß man ein Vierersystem erhält.

Als Einheit für die Wärmemenge wird dabei aber erst in letzter Zeit die zum m-kg-s-System kohärente Energieeinheit Joule verwendet [12]; bisher war eine nichtkohärente Einheit in Gebrauch, nämlich jene Wärmemenge, die notwendig ist, um 1 g Wasser von 14,5 auf 15,5 °C zu erwärmen. Diese Wärmemenge nannte man Kalorie. Da es aber noch andere, von dieser ein wenig abweichende Definitionen der Kalorie gibt, hat man sich neuerdings entschlossen, dem Verhältnis zwischen Kalorie und Joule einen festen Zahlenwert beizuordnen. Man definiert heute

$$1 \text{ Kalorie} = 4{,}186\,8 \text{ Joule} \tag{3}$$

und ist damit grundsätzlich von der Stoffkonstanten des Wassers abgegangen.

Zur Herstellung einer Temperatureinheit geht man von der Erscheinung aus, daß die Körper bei verschiedenen Temperaturen verschiedene Ausdehnung haben. Zur bequemen Messung bedient man sich meistens fadenförmiger Flüssigkeitsmengen, deren Längsausdehnung als Maß der Temperatur gewählt wird. Dabei ist die Bezeichnung Temperatur mit gewisser Vorsicht zu gebrauchen, da sich Temperaturangaben meistens auf willkürlich festgelegte Festpunkte beziehen und somit in Wirklichkeit Temperaturdifferenzen sind. Nur die Temperaturdifferenz zum „absoluten Nullpunkt", die sogenannte absolute Temperatur, kann als a priori sinnvolle Größe angesehen werden, bei der auch unmittelbar das Verhältnis zweier Werte gebildet werden kann, ohne daß neben einer Einheit noch ein Nullpunkt festgesetzt werden muß. Für die übrigen Temperaturangaben werden als Fixpunkte die Temperatur des schmelzenden Eises und des siedenden Wassers gewählt. Bei der Celsiusskala erhalten diese beiden Punkte die Bezifferungen 0^0 und 100^0, bei der Fahrenheitskala 32^0 und 212^0. Das Intervall zwischen den beiden Festpunkten wird im ersten Fall in hundert, im zweiten in hundertachtzig gleiche Teile geteilt, die dann vereinbarungsgemäß die Temperaturgrade darstellen. Es sind also

$$\left. \begin{aligned} \text{x } ^0\text{C} &= \left(32 + \frac{9}{5}\,\text{x}\right) \, ^0\text{F} \\[2ex] \text{y } ^0\text{F} &= \frac{5}{9}\,(\text{y} - 32) \, ^0\text{C}. \end{aligned} \right\} \tag{4}$$

Betrachtet man nun die Ausdehnung verschiedener Thermometersubstanzen, so erkennt man, daß diese sich etwas verschieden verhalten, daß also die lineare Teilung nur ein für den allgemein praktischen Gebrauch erstes Hilfsmittel zur Gewinnung einer Temperatureinheit darstellt. Auch die Verwendung anderer temperaturabhängiger Stoffeigenschaften, wie zum Beispiel der elektrische Widerstand von Metalldrähten, die elektrische Spannung von Thermoelementen usw., führt zu nicht identischen Temperatureinheiten. Für genaue Messungen mußten daher zwischenstaatliche Festsetzungen getroffen werden, die auch zu einer praktischen Temperaturskala führten, die der sogenannten thermodynamischen Skala möglichst nahekommen sollte [13].

Die thermodynamische Definition der Temperatur bezieht sich dabei auf den reversiblen CARNOT-Prozeß, aus dem durch Messung von Wärmemengen und Arbeiten die Temperatur unabhängig von einer Thermometersubstanz ermittelt werden kann. Die diesen Prozeß beschreibende Beziehung entspricht dabei dem Verhalten idealer Gase, deren thermische Ausdehnung zu einer mit der thermodynamischen identischen Temperaturskala führt. Manche Gase, wie zum Beispiel Helium und Wasserstoff, verhalten sich in gewissen Temperaturbereichen und bei niedrigem Druck praktisch wie ideale Gase. Es werden daher für feine Messungen mit Vorteil Gasthermometer verwendet.

Erfahrungsgemäß sind Temperaturen unterhalb $-273{,}2^0$ C nicht möglich. Man bezeichnet daher diesen unteren Grenzwert als den absoluten Nullpunkt der Temperatur und rechnet von diesem ausgehend mit der absoluten Temperaturskala. Die Temperaturintervalle sind dabei dieselben wie bei der Celsiusskala, heißen jetzt aber Kelvingrade (^{0}K). Der absolute Nullpunkt hat damit die Temperatur 0 ^{0}K, der Eispunkt die Temperatur $273{,}2^0$ K. Um für einen in Celsiusgraden angegebenen Temperaturpunkt die Maßzahl für Kelvingrade zu bekommen, muß man $273{,}2^0$ addieren.

§ 433 Das thermische Dreiersystem

Daß die Temperatur eines Gases seiner inneren Energie proportional und die innere Energie bei gleichbleibender Temperatur vom Druck und Volumen des Gases unabhängig ist, daß zur Erhöhung der Temperatur eine Energiezufuhr notwendig ist und so weiter, sind Erkenntnisse, die heute zum selbstverständlichen Gut unseres Wissens gehören. Etwas weitergehend sind schon Aussprüche, wie, daß die Temperatur ein Maß für die kinetische Energie der Moleküle sei, oder daß die Welt der Größen von den Abmessungen der Teilchen, welche noch BROWNsche Bewegung zeigen, das Grenzgebiet darstellen, bis wohin die Begriffe Temperatur und Druck in ihrer gewöhnlich gebrauchten Fassung gelten, und ähnliche mehr. Seit ROBERT MAYER ist zwar die Wärme als Energieform erkannt und damit die Fluidumstheorie endgültig verlassen worden, aber der Begriff der Temperatur als selbständiger Begriff ist geblieben und hat zu einem Vierersystem in der Wärmelehre geführt. Zeigen schon die Aussprüche bekannter Physiker, von denen oben einige wenige aufgeführt wurden, eine Ansicht, die die Unmittelbarkeit der Temperatur als selbständige Größe fast schon anzweifeln lassen, so wird man zu dieser Auffassung mit dem Wissen um die Maßsystembildungen zwangläufig getrieben, wenn man daraufhin die Grundgleichungen im nachhinein nochmals durchsieht.

Führt man einem Gas eine Wärmemenge dQ zu, so gilt nach dem ersten Hauptsatz der mechanischen Wärmetheorie

$$dQ = dU + p \cdot dV. \tag{1}$$

Die zugeführte Wärme wird verwendet zu einer äußeren Arbeitsleistung $p \cdot dV$ und einer inneren, die darin besteht, daß die kinetische Energie der Moleküle vergrößert wird, was durch eine Erhöhung der Temperatur in Erscheinung tritt. Die zur Erhöhung um 1^0 notwendige Wärmemenge, die sogenannte spezifische Wärme, wenn sie auf die Massen- oder Mengeneinheit bezogen wird, ist dann

$$C = \frac{dU}{dT} + \frac{p \, dV}{dT}. \tag{2}$$

Ist das Gas in einem starren Behälter eingeschlossen, dann bleibt das Volumen konstant und die ganze zugeführte Wärmeenergie wird allein zur Vergrößerung der inneren Energie, oder mit anderen Worten zur Erhöhung der Temperatur verwendet. Ist es da nicht naheliegend, die Temperatur nicht nur als Maß dieser Energie anzusehen, sondern sie der kinetischen Energie der Moleküle überhaupt gleichzusetzen? Das Verdienst, diese Frage erstmalig systematisch untersucht zu haben, hat E. BODEA [7, 14], der bei der Aufstellung der grundlegenden Regeln zum Aufbau einwandfreier Maßsysteme die Überbestimmtheit des bisher gebräuchlichen Vierersystems in der Wärmelehre aufdeckte.   Die Schwierigkeit liegt hier vor allem darin, daß der Begriff der Temperatur als einer unmittelbar sinnlich wahrnehmbaren Zustandsgröße der' älteste Begriff der Wärmelehre ist und schon lange vor der Erkenntnis bestand, daß die Wärme eine Energie darstellt. Es ist natürlich sehr schwer, sich von dieser Vorstellung loszumachen, umsomehr als zunächst kein Bedürfnis und kein Anreiz hiezu bestand.   Erst die in letzter Zeit so eindringlich geforderte Revision unserer Maßsystemgepflogenheiten hat auch die Aufmerksamkeit auf die richtige Definition der Wärmegrößen und den Grad des einschlägigen Maßsystems gelenkt. Und das hat sich sicher gelohnt, da damit der Anstoß zu einer weitaus leichter verständlichen und folgerichtigeren Darstellung der Wärmelehre gegeben wurde. Freilich handelt es sich zunächst nur um einen ersten Anstoß, der sich — wie es vom Standpunkt der Maßsystemfrage auch nicht anders zu erwarten war — vorerst im wesentlichen nur im Gebiete der idealen Gase bewegt, der aber derart grundlegende Erkenntnisse brachte, daß sie für die Frage des Maßsystems in der ganzen Wärmelehre als Basis dienen können. Es wird Sache der Wärmespezialisten sein, das System über die ganze Wärmelehre auszubauen.

Die Revision des bisherigen Systems muß wieder über den hypothetischen Elementarphysiker gehen. Nach Kenntnis der rein mechanischen und gegebenenfalls auch der elektrischen Erscheinungen kommt er erstmalig durch die Empfindungen warm—kalt zur Vermutung über die Existenz einer neuen Erscheinung, der Wärme. Die erste auffallende

Erkenntnis ist dann die, daß sich die Körper bei Zufuhr von Energie erwärmen und ausdehnen. Verhindert man das Ausdehnen, indem man etwa ein Gas in einen starren Behälter einschließt, dann ist am Gas lediglich eine Erwärmung und Druckerhöhung zu erkennen. Schließt man das Gas aber so ein, daß der Druck konstant bleibt, indem der Behälter etwa einen Kolben erhält, der eine Volumsvergrößerung des eingeschlossenen Gases zuläßt, dann leistet das Gas beim Ausdehnen äußere Arbeit. Es ist aber dieser Arbeitsbetrag kleiner als die zugeführte Energie. Nur wenn die Temperatur konstant gehalten werden kann, erscheint die in Form von Wärme zugeführte Energie als äußere Arbeit wieder. Die im allgemeinen Fall vorhandene Differenz bleibt also im Gas gebunden und erhöht seine „innere Energie", das heißt sie erhöht die kinetische Energie der Gasmoleküle. Diese treffen also mit stärkeren Stoßimpulsen an die als Thermometer verwendeten Körper, so daß auch in diesen die Molekularbewegungen verstärkt werden und sie eine höhere „Temperatur" anzeigen.

Der Übergang von Wärme in der geschilderten Form, hier also zunächst an das Gas, dann an das Thermometer, wird Wärmeleitung genannt. Bei ihr erfolgt also eine Übertragung mechanischer Energie durch die Stöße der in heftiger Bewegung befindlichen Moleküle warmer Körper auf die an Bewegungsenergie ärmeren Moleküle von kühleren Körpern. Eine solche Übertragung ist nur dann möglich, wenn Körper verschiedener Temperaturen miteinander in Berührung stehen, aber dann auch immer nur in der Richtung vom energieintensiveren (wärmeren) zum energieschwächeren (kälteren) Körper. Da es sich dabei aber um Stöße zwischen den Molekülen handelt, sind nicht die Gesamtenergien der im Wärmeaustausch befindlichen Körper maßgebend, sondern die Energien der einzelnen Partikel (Moleküle). Der wärmere Körper ist also der mit den energiereicheren Partikeln, der kältere jener mit den energieärmeren.

Neben der Wärmeleitung gibt es noch eine zweite Form der Wärmeübertragung, bei der die im Wärmeaustausch sich befindenden Körper sich nicht berühren müssen, ja zwischen ihnen nicht einmal ein materielles Medium vorhanden sein muß. Es ist die Wärmestrahlung, die hervorgerufen wird durch Strukturänderungen an den Atomen der Wärme ausstrahlenden und Wärme absorbierenden Körper, die also durch Elektronensprünge bedingt ist und eine elektromagnetische Erscheinung darstellt.

Geht man zunächst von der bedeutenderen Erscheinung der Wärmeleitung aus, so erscheint es vorteilhaft, die kinetische Energie einer Partikel als neue Größe, nämlich als Temperatur zu definieren, womit diese also zu einer abgeleiteten Größe mit der Dimension Energie/Partikel wird. Statt einer einzelnen Partikel kann natürlich auch eine andere Mengeneinheit zugrunde gelegt werden, zum Beispiel das dekadische Mol N_D. Man wird zweckmäßig eine Mengeneinheit wählen, die zu einer bequemen Temperatureinheit führt.

Ist also die mittlere Geschwindigkeit der Partikel v_m und ihre Masse m_P, so ist ihre mittlere kinetische Energie $m_P v_m{}^2/2$ und ihre Einheit

$$\frac{\text{Joule}}{\text{Partikel}} = 10^{24} \frac{\text{Joule}}{D\text{-Mol}},$$

die dann auch zu einer Einheit der Temperatur wird. Dabei ist es gleichgültig, ob das Joule/Partikel oder das Joule/D-Mol oder aber auch etwa das Joule/L-Mol als endgültige Temperatureinheit gewählt wird. Aus schon erwähnten Gründen sei das D-Mol als Bezugsmengeneinheit genommen und der so definierten Einheit der Temperatur

$$\frac{\text{Joule}}{D\text{-Mol}} = 10^{-24} \frac{\text{Joule}}{\text{Partikel}} = 1 \text{ Clausius} \equiv 1 \text{ Cl} \tag{3}$$

nach dem Vorschlag BODEAS der Name Clausius gegeben. Der dieser Einheit entsprechende kinetische Energiebeitrag eines Moles beträgt dann

$$\mathrm{N}_D \, \frac{m_P v_m{}^2}{2} = \frac{\mathrm{N}}{\{\mathrm{n}_D\}} \, \frac{m v_m{}^2}{2}. \tag{4}$$

Damit tritt sofort die Frage auf, wie sich diese Erkenntnis mit der heute noch üblichen Fassung und Darstellung in der kinetischen Gastheorie verträgt. Dazu stehen zur Verfügung die Zustandsgleichung idealer Gase in der klassischen Form

$$p V = \mathrm{n} R T \tag{5}$$

und in der erweiterten Form der kinetischen Gastheorie

$$p V = \frac{2}{3} \mathrm{N} \, \frac{m v_m{}^2}{2}. \tag{6}$$

Darin bedeutet R die zunächst bei der klassischen Darstellung als Proportionalitätsfaktor eines Erfahrungsgesetzes notwendig zu setzende Gaskonstante, n die Anzahl der Mole und N die gesamte Partikelzahl. Beide Gleichungen geben zusammen die Beziehung

$$R T = p \, \frac{V}{\mathrm{n}} = \frac{2}{3} \, \frac{\mathrm{N}}{\mathrm{n}} \, \frac{m v_m{}^2}{2}. \tag{7}$$

Vergleicht man dies mit (4), so erkennt man, daß bei dieser Definition der Temperatur

$$R = \frac{2}{3} \tag{8}$$

gesetzt werden muß, ein Faktor, der nach der kinetischen Gastheorie seine durchaus physikalisch-geometrische Berechtigung hat. Dagegen entpuppt er sich als parasitärer Ausgleichsfaktor, der notwendig wurde, wenn T als unabhängige, vierte Grundgröße angenommen wurde. Da die Temperatur aber nach (4) einwandfrei als abgeleitete Größe definiert werden kann, ist R nach § 322 nur eine vermeintliche Naturkonstante in einem überbestimmten System. Im natürlichen Dreiersystem lautet also die Zustandsgleichung idealer Gase

$$\frac{3}{2}\,p\,V = \mathrm{n}\,T = \mathrm{N}\,\frac{m\,v_m{}^2}{2}\,, \tag{9}$$

aus der die Temperatur durch

$$T = \frac{\mathrm{N}}{\mathrm{n}}\,\frac{m\,v_m{}^2}{2} \tag{10}$$

definiert erscheint. Ihre Dimension ist

$$[T] = \frac{[W]}{[m]^0} = \frac{[m]\,[l]^2\,[t]^{-2}}{[m]^0}\,;$$

eine kohärente m kg s-Einheit ist bereits unter (3) genannt worden.

Die Interpretation von (9) ergibt: Die Temperatur eines Körpers ist seinem, auf ein Mol bezogenen Inhalt an Leitungswärme gleich; für ideale Gase kann dieser spezifische Energieinhalt makrophysikalisch auf einfachste Weise durch Druck- und Volumenmessungen ermittelt werden.

Von Interesse ist nun noch das Verhältnis der neuen Temperatureinheit mit dem Grad Kelvin. Da die Gaskonstante R mit dem Wert

$$R = 8{,}317\,\frac{\text{Joule}}{{}^0\mathrm{K}\cdot\mathrm{N}_L}$$

angegeben wird, hat man für die Umrechnung zu setzen

$$1\,{}^0\mathrm{K} \mathrel{\hat=} \frac{3}{2}\,8{,}317\,\frac{1}{0{,}6026}\,\frac{\text{Joule}}{\mathrm{N}_D}\,.$$

Dabei mußte ein Entsprichtzeichen geschrieben werden, weil ja die Gleichung dimensionell falsch wäre. Die Ausrechnung ergibt

$$1\,{}^0\mathrm{K} \mathrel{\hat=} 20{,}71\,\text{Cl}, \tag{11 a}$$

beziehungsweise

$$1\,\text{Cl} \mathrel{\hat=} 0{,}0483\,{}^0\mathrm{K}. \tag{11 b}$$

Man könnte natürlich das Grad Kelvin auch in das Dreiersystem herübernehmen; es wäre dann

$$1\,{}^0\mathrm{K} = \frac{1}{0{,}0483}\,\text{Cl} = \frac{\text{Joule}}{0{,}0483\cdot 10^{24}} = \frac{\text{Joule}}{48{,}3\cdot 10^{27}}$$

und diese Einheit damit auf eine sehr unhandliche Mengeneinheit von $48{,}3\cdot 10^{27}$ Partikel bezogen.

Der absolute Nullpunkt hat in der neuen Einheit die Temperatur 0 Cl; im übrigen gibt die Clausiustemperatur unmittelbar an, wieviel Joule an kinetischer Energie in einem dekadischen Mol eines idealen, einatomigen Gases enthalten sind.

Der Versuch, die Temperatur aus den Erscheinungen der Wärmestrahlung zu definieren, ist grundsätzlich möglich, aber auch nur für dieses Sondergebiet anwendbar, außerdem wird eine solche Definition so kompliziert, daß eine praktische Anwendbarkeit kaum zu ersehen ist [14].

Von den weiteren Wärmegrößen sei zunächst die spezifische Wärme angeführt. Sie ist eine abgeleitete Größe und wird definiert als das je Mol genommene Verhältnis der zu einer Temperaturdifferenz gehörigen Wärmemenge zu der ersteren

$$c = \frac{\Delta Q}{\Delta T} \frac{1}{n} .$$ (12)

Ihre Dimension im natürlichen l t m-System ist

$$[c] = \frac{[W]}{[W]} \frac{[m]^0}{[m]^0} = [W]^0 .$$

Die spezifische Wärme ist also eine reine Zahl, die das Verhältnis angibt zwischen der jedem Mol zu- oder abgeführten Gesamtenergie $\Delta Q/n$ und dem Anteil ΔT, der sich hievon in kinetische Energie der Partikel des Körpers verwandelt und als Temperaturerhöhung oder Erniedrigung bemerkbar wird. Eine Einheit ergibt sich aus

$$(c) = \frac{\text{Joule } D\text{-Mol}}{\text{Joule } D\text{-Mol}} = 1 ;$$

sie ist die Zahl 1.

Ganz ähnlich findet man, daß auch die Entropie eine dimensionslose Größe ist, und zwar je nachdem ob sie als Ganzes oder auf das Mol bezogen wird mit der Einheit Mol oder 1. Sie ergibt sich unmittelbar als natürlicher Logarithmus der BOLTZMANNschen Wahrscheinlichkeit des jeweiligen Zustandes.

§ 5 Charakter und Essenz als Erweiterungen zum Dimensionsbegriff

Wenn auch der Dimensionsbegriff für alle praktischen Fälle ausreicht und ein überaus wertvolles Mittel zur Kurzbeschreibung der Größen und der Kontrolle der Größengleichungen darstellt, so gibt es doch auch Fälle, wo er — wenigstens in theoretischer Hinsicht — versagt. Das immer wieder vorgebrachte und bekannteste Beispiel hiezu ist die Dimensionsgleichheit von Drehmoment und Arbeit. Nun wird ja zwar kaum jemand deshalb die beiden Größen einander gleichsetzen oder irgendwie zu einer Gleichung gelangen, in der sie beide als Summanden vorkommen, aber ein gewisser Schönheitsfehler ist damit zweifelsohne in den Dimensionskalkül hineingebracht. Es gilt zwar nach wie vor, daß gleichartige Größen gleiche Dimensionen haben müssen, doch läßt sich der Satz nicht umkehren. Größen gleicher Dimension müssen durchaus nicht gleichartig sein.

Nun gibt es nur ganz wenig Fälle, wo diese Schwäche in der Dimensionsdarstellung auftritt, und in diesen besteht keinerlei Gefahr, daß dadurch fehlerhafte Schlüsse gezogen würden. Von den Übergenauen und ganz Vorsichtigen mag aber vielleicht noch kurz eine Erweiterung des Dimensionsbegriffes begrüßt werden, die auch diesen Mangel beseitigt.

Sieht man sich nochmals das Beispiel Arbeit-Drehmoment daraufhin näher an, so erkennt man, daß die eine Größe aus dem skalaren, die andere aber aus dem vektoriellen Produkt aus Kraft und Länge entstanden ist. Die eine Größe ist demgemäß ein Skalar, die andere ein Vektor oder genauer ein achsialsymmetrischer Tensor zweiter Stufe.

Die Größen zeigen also außer ihrer Dimension noch ein weiteres Merkmal, das sie in bezug auf die den Naturerscheinungen vorhandenen Symmetrien aufweisen und das etwa mit Charakter bezeichnet werden soll. Hinsichtlich des Charakters lassen sich die Größen in vier Gruppen einteilen, nämlich in Skalare, Pseudoskalare, Vektoren und Tensoren. Es ist nun naheliegend, den Charakter einer Größe ähnlich wie seine Dimension durch einen weiteren „Faktor" darzustellen oder durch einen Zeiger am Dimensionssymbol zu kennzeichnen. Das erstere gibt die Möglichkeit Charaktergleichungen anzuschreiben, das letztere hat den Vorteil, daß die Ausdrücke kürzer und damit leichter lesbar werden. Es soll daher normalerweise die zweite Darstellungsart gewählt und die erste nur zur Schreibung von Charaktergleichungen verwendet werden.

Erweitert man den Dimensionsbegriff auf diese Weise, so lassen sich Mehrdeutigkeiten, wie etwa bei den Dimensionen für das Drehmoment, die Drehrichtgröße und die Energie vermeiden und diesen Größen umkehrbar eindeutige Ausdrücke zuordnen. Der durch das Charakterzeichen erweiterte Dimensionsbegriff soll dann den Namen Essenz erhalten. Auf diese Möglichkeit hat erstmals F. REINHARDT hingewiesen.

Für die Charaktereinteilung der Größen seien einige wenige Beispiele angeführt, und zwar

Skalare: Massen, Zeiten, Frequenzen, Arbeiten, elektrische Ladungen, Temperaturen usw.;

Pseudoskalare: Volumina;

Vektoren: Wege, Geschwindigkeiten, Kräfte, elektrische Feldstärken usw.;

Tensoren (schiefsymmetrische Tensoren zweiter Stufe):   Drehwinkel, Winkelgeschwindigkeiten, Drehmomente, magnetische Feldstärken usw.

Bezeichnet man nun mit dem Buchstaben

σ den Charakter eines Skalares,

π den Charakter eines Pseudoskalares,

ν den Charakter eines Vektors,

τ den Charakter eines achsialsymmetrischen Tensors,

so kann man mit für die Zwecke des Dimensionskalküls genügender Exaktheit folgende Regeln aufstellen:

1. Das Produkt einer Größe mit einem Skalar ändert im allgemeinen die Dimension und damit die Essenz der Größe, nicht aber ihren Charakter.

$$[A]_\sigma\,[B]_\sigma = [A]\,[B]\cdot\sigma\,\sigma = [C]_\sigma,$$
$$[A]_\nu\,[B]_\sigma = [A]\,[B]\cdot\nu\,\sigma = [C]_\nu,$$
$$[A]_\tau\,[B]_\sigma = [A]\,[B]\cdot\tau\,\sigma = [C]_\tau.$$

Es ist also

$$\left.\begin{aligned}\sigma\,\sigma &= \sigma \\ \nu\,\sigma &= \nu \\ \tau\,\sigma &= \tau.\end{aligned}\right\} \tag{1}$$

2. Das Produkt eines Pseudoskalares mit einem Vektor ergibt einen Tensor

$$[A]_\pi\,[B]_\nu = [A]\,[B]\cdot\pi\,\nu = [C]_\tau,$$

oder

$$\pi\,\nu = \tau. \tag{2}$$

3. Das innere Produkt zweier Vektoren ergibt einen Skalar

$$[A]_\nu\,[B]_\nu = [A]\,[B]\cdot\nu\,\nu = [C]_\sigma,$$

woraus

$$\nu\,\nu = \nu^2 = \sigma. \tag{3}$$

4. Das Produkt zweier Tensoren ist ein Skalar

$$[A]_\tau\,[B]_\tau = [A]\,[B]\cdot\tau\,\tau = [C]_\sigma,$$

also

$$\tau\,\tau = \tau^2 = \sigma. \tag{4}$$

5. Das innere Produkt eines Vektors mit einem Tensor ergibt einen Pseudoskalar

$$[A]_\nu\,[B]_\tau = [A]\,[B]\cdot\nu\,\tau = [C]_\pi.$$

Es ist also

$$\nu\,\tau = \pi. \tag{5}$$

Da nun

$$\sigma^{-1} = \sigma, \qquad \pi^{-1} = \pi, \qquad \nu^{-1} = \nu, \qquad \tau^{-1} = \tau, \tag{6}$$

so läßt sich aus (2) bis (5) auch ableiten

$$\left.\begin{aligned}\pi\,\tau &= \nu \\ \nu\,\tau^{-1} &= \pi \\ \nu^{-1}\,\tau &= \pi.\end{aligned}\right\} \tag{7}$$

6. Das äußere Produkt zweier Vektoren ergibt einen Tensor, ebenso das Produkt zweier Tensoren

$$[A]_\nu \times [B]_\nu = [A]\,[B]\cdot\nu \times \nu = [C]_\tau,$$
$$[A]_\tau \times [B]_\tau = [A]\,[B]\cdot\tau \times \tau = [C]_\tau.$$

Es ist also

$$\nu \times \nu = \tau \tag{8}$$

und

$$\tau \times \tau = \tau. \tag{9}$$

Dagegen wird

$$\nu \times \tau = \tau \times \nu = \nu. \tag{10}$$

Einige Beispiele mögen den Sinn und Wert der ergänzenden Symbolik aufzeigen:

1. Drehmoment:

Größengleichung $\mathfrak{M} = \mathfrak{r} \times \mathfrak{F}$.

Dimensionsgleichung $[M] = [r] [F] = [m] [l]^2 [t]^{-2}$.

Essenzengleichung[1] $[M]_\varepsilon = [r]_\nu \times [F]_\nu = [r] [F] \cdot \nu \times \nu =$
$$= [m] [l]^2 [t]^{-2} \cdot \tau = [M]_\tau.$$

2. Mechanische Arbeit:

Größengleichung $A = \mathfrak{F}\, \mathfrak{s}$.

Dimensionsgleichung $[A] = [F] [s] = [m] [l]^2 [t]^{-2}$.

Essenzengleichung $[A]_\varepsilon = [F]_\nu [s]_\nu = [F] [l] \cdot \nu^2 = [m][l]^2 [t]^{-2} \cdot \sigma =$
$$= [A]_\sigma$$

Es ist also

$$[M] = [A],$$

aber

$$[M]_\varepsilon \neq [A]_\varepsilon.$$

3. Elektrische Feldstärke:

Größengleichung $\mathfrak{E} = \dfrac{\mathfrak{F}}{Q}$.

Dimensionsgleichung $[E] = [F] [Q]^{-1} = [m] [l] [t]^{-2} [Q]^{-1}$.

Essenzengleichung $[E]_\varepsilon = [F]_\nu [Q]_\sigma^{-1} = [F] [Q]^{-1} \cdot \nu\, \sigma^{-1} =$
$$= [m] [l] [t]^{-2} [Q]^{-1} \cdot \nu = [E]_\nu.$$

4. Dielektrische Verschiebung:

Größengleichung $\mathfrak{D} = \dfrac{Q}{A^2}$.

Dimensionsgleichung $[D] = [Q] [A]^{-1} = [l]^{-2} [Q]$.

Essenzengleichung $[D]_\varepsilon = [Q]_\sigma [l]_\nu^{-1} \times [l]_\nu^{-1} = [Q]_\sigma [l]^2 \cdot \nu \times \nu =$
$$= [Q]_\sigma [l]^{-2} \cdot \tau = [Q] [l]^{-2} \cdot \tau = [D]_\tau.$$

5. Elektrische Energie:

Größengleichung $W_e = \dfrac{\mathfrak{E}\,\mathfrak{D}}{2}\, V$.

Dimensionsgleichung $[W_e] = [E] [D] [V] = [m] [l]^2 [t]^{-2}$.

Essenzengleichung $[W_e]_\varepsilon = [E]_\nu [D]_\tau [V]_\pi = [E] [D] [V] \cdot \nu\,\tau\,\pi =$
$$= [E] [D] [V] \cdot \sigma = [m] [l]^2 [t]^{-2} = [W_e]_\sigma.$$

Darin war

$$[V]_\varepsilon = ([l]_\nu \times [l])_\nu [l]_\nu = [l]^2 [l] \cdot \tau\, \nu = [l]^3 \cdot \pi = [V]_\pi.$$

---

[1] Der Zeiger ε bedeutet „Essenz".

6. Magnetische Feldstärke:

Größengleichung $\mathfrak{B} = \dfrac{\Phi}{A^2} \mathfrak{A}$.

Dimensionsgleichung $[B] = [\Phi]\,[A]^{-1} = [\Phi]\,[l]^{-2}$.

Essenzengleichung $[B]_\varepsilon = [\Phi]_\sigma\,[A]_\tau^{-1} = [\Phi]\,[l]^{-2}\cdot\tau =$
$$= [m]\,[t]^{-1}\,[Q]^{-1}\cdot\tau = [B]_\tau.$$

Zur Kontrolle sei jetzt etwa $[E]_\varepsilon$ aus der Größengleichung
$$\mathfrak{E} = \mathfrak{v} \times \mathfrak{B}$$
ermittelt. Es wird

$$[E]_\varepsilon = [v]_\nu \times [B]_\tau = [v]\,[B]\cdot\nu\times\tau = [m]\,[l]\,[t]^{-2}\,[Q]^{-1}\cdot\nu = [E]_\nu$$

wie unter 3.

§ 6 Schlußwort

Die kritischen Untersuchungen der vier Hauptabschnitte haben gezeigt, daß eine einwandfreie Darstellung der Naturvorgänge nur in Maßsystemen möglich ist, die gewissen Tatsachen entsprechen müssen, die uns die Natur vorlegt und die wir gezwungen sind, einfach hinzunehmen. Zu diesen Forderungen, zu denen vor allem der Grad der Maßsysteme gehört, gibt es kein zweckmäßig und nicht zweckmäßig, sondern nur ein richtig oder falsch. Die Zweckmäßigkeit kann dann allerdings entscheiden, wie in dem aufgezwungenen Grundgerüst jetzt Dimensions- und Einheitensysteme eingebaut werden. Bei Befolgung der kritisch abgeleiteten Prinzipien für den Aufbau von Maßsystemen kommt man zu einem Dreiersystem für die Mechanik und Wärmelehre und zu einem Vierersystem für die Elektrizitätslehre. In der historischen Entwicklung sind sowohl unterbestimmte Dreiersysteme in der Elektrizitätslehre als auch ein überbestimmtes Vierersystem in der Wärmelehre aufgetreten.

Schreibt man die physikalischen und technischen Gleichungen als Größengleichungen, so ist man zunächst von der Wahl besonderer Einheiten frei. Es empfiehlt sich aber die Verwendung kohärenter Einheitensysteme, die Maßzahlgleichungen ergeben, die mit den Größengleichungen identisch sind. Als wichtigstes kohärentes Einheitensystem hat sich das m s kg A-System eingebürgert, das berufen zu sein scheint, als internationales System allgemein angewandt zu werden. Es hat sich bis jetzt noch nicht in der Wärmelehre durchsetzen können, vor allem nicht in einer Schreibung als Dreiersystem. Dazu ist das Problem noch zu jung und bedarf noch des Weitertragens tatkräftiger und mutiger Nachwuchs-Thermodynamiker.

Zum Schluß sei noch eine Tafelfolge erwähnt, die im Anhang des Buches die wichtigsten maßsystemtechnischen Daten nach Größen geordnet zusammenstellt.

der wichtigsten Größen, ihrer Dimensionen und Einheiten

An erster Stelle sind die Dimensionen und Einheiten des natürlichen

$$\frac{Q\,\Phi\,l\,t}{m\,s\,kg\,A}\text{-Systems}$$

genannt. Die übrigen Dimensionen und Einheiten sollen in Hinkunft möglichst vermieden werden. Nicht kohärente Einheiten, die sich aus den m s kg A-Einheiten durch Setzen der Dekadenzeichen darstellen lassen, sind in den Tafeln nicht aufgeführt.

I Länge, Fläche, Raum, Winkel

1 Länge

11 Die Länge ist in allen gebräuchlichen Maßsystemen Grunddimension und Urmaß.

12 Die Dimension der Länge wird ausgedrückt durch das Zeichen [l].

13 Das heute noch in Gebrauch stehende Längenurmaß ist ein Prototyp, und zwar das in Sèvre bei Paris aufbewahrte Urmeter.

14 Die Einheit der Länge ist das Meter (m).

15 Andere nichtkohärente Einheiten sind

$$1 \text{ Wiener Zoll} = 2{,}63 \text{ cm},$$
$$1 \text{ Wiener Fuß} = 12 \text{ Zoll} = 0{,}316 \text{ m},$$
$$1 \text{ Seemeile} = 1851{,}8 \text{ m},$$
$$1 \text{ Lichtjahr} = 9{,}5 \cdot 10^{12} \text{ km},$$
$$1 \text{ Ångström (Å)} = 10^{-10} \text{ m},$$

ferner die englischen Einheiten

	Yard	feet	inch	mile	Meter
Yard (yd) =	1	3	36	$0{,}568 \cdot 10^{-3}$	0,9144
feet (') (ft) =	0,333	1	12	$0{,}189 \cdot 10^{-3}$	0,3048
inch (") =	0,0278	0,0833	1	$0{,}0158 \cdot 10^{-3}$	0,0254
mile =	1760	5280	$63{,}36 \cdot 10^{3}$	1	1609,3
Meter (m) =	1,094	3,281	39,37	$0{,}62 \cdot 10^{-3}$	1

2 Fläche

21 Die Fläche hat die Dimension

$$[A] = [l]^2.$$

22 Die Einheit der Fläche ist das Quadratmeter

$$(A) = 1 \text{ m}^2.$$

Das Quadratmeter ist der Flächeninhalt eines Quadrates mit 1 Meter Seitenlänge.

23 Andere nichtkohärente Einheiten sind

$$1 \text{ Ar (a)} = 100 \text{ m}^2,$$
$$1 \text{ Hektar (ha)} = 10^4 \text{ m}^2,$$
$$1 \text{ Wiener Joch} = 57{,}546 \text{ a} = 5754{,}6 \text{ m}^2,$$
$$1 \text{ Morgen} = 25{,}532 \text{ a} = 2553{,}2 \text{ m}^2,$$

ferner die englischen Einheiten

		square yard	square foot	square inch
square yard	=	1	9	1296
square foot	=	0,111	1	144
square inch	=	$0,772 \cdot 10^{-3}$	$6,95 \cdot 10^{-3}$	1
square mile	=	$3,097 \cdot 10^6$	$27,87 \cdot 10^6$	$4,01 \cdot 19^9$
acre	=	4840	$43,56 \cdot 10^3$	$6,27 \cdot 10^6$
Quadratmeter	=	1,2	10,8	1550

		square mile	acre	Quadratmeter
square yard	=	$0,323 \cdot 10^{-6}$	$0,207 \cdot 10^{-3}$	0,836
square foot	=	$0,0358 \cdot 10^{-6}$	$23 \cdot 10^{-6}$	0,0929
square inch	=	$0,25 \cdot 10^{-9}$	$0,16 \cdot 10^{-6}$	$0,645 \cdot 10^{-3}$
square mile	=	1	640	$2,59 \cdot 10^6$
acre	=	$1,56 \cdot 10^{-3}$	1	4046,8
Quadratmeter	=	$0,386 \cdot 10^{-6}$	$0,248 \cdot 10^{-3}$	1

3 Raum

31 Der Raum hat die Dimension
$$[V] = [l]^3.$$

32 Die Einheit des Raumes ist das Kubikmeter
$$(V) = 1 \, m^3.$$

Das Kubikmeter ist der Rauminhalt eines Würfels mit 1 Meter Kantenlänge.

33 Andere nichtkohärente Einheiten sind
$$1 \text{ Kubikhektometer (hm}^3) = 10^6 \, m^3,$$
$$1 \text{ Registertonne} = 100 \text{ cubic foot} = 2{,}832 \, m^3,$$
$$1 \text{ Liter} = 1{,}000\,028 \, dm^3,$$

ferner die englischen und amerikanischen Einheiten (s. Tabelle S. 116).

Das Liter ist der Raum, den 1 Kilogramm reines, luftfreies Wasser bei seiner größten Dichte unter dem Druck von 1,013 250 bar einnimmt; der Umrechnungsfaktor 1,000 028 ist per definitionem entstanden.

4 Winkel

41 Der ebene Winkel hat die Dimension
$$[\alpha] = [1]^0 = 1.$$

		cubic yard	cubic foot	cubic inch
cubic yard	=	1	27	46656
cubic foot	=	$37,04\cdot10^{-3}$	1	1728
cubic inch	=	$21,43\cdot10^{-6}$	$578,7\cdot10^{-6}$	1
bushel (dry)	=	$47,54\cdot10^{-3}$	1,283	2218
imperial gallon	=	$5,943\cdot10^{-3}$	0,1605	277,4
engl. barrel	=	$213,94\cdot10^{-3}$	5,776	10^4
amerik. bushel (dry)	=	$46,09\cdot10^{-3}$	1,2445	2150,4
amerik. (liquid) gallon	=	$4,951\cdot10^{-3}$	0,1337	231
Kubikmeter	=	1,308	35,31	$61,02\cdot10^3$

		bushel	imperial gallon	engl. barrel
cubic yard	=	21,03	168,26	4,67
cubic foot	=	0,779	6,23	0,173
cubic inch	=	$0,45\cdot10^{-3}$	$3,6\cdot10^{-3}$	10^{-4}
bushel (dry)	=	1	8	0,222
imperial gallon	=	0,125	1	$27,75\cdot10^{-3}$
engl. barrel	=	4,5	36	1
amerik. bushel (dry)	=	0,969	7,754	0,2154
amerik. (liquid) gallon	=	0,104	0,833	$23,14\cdot10^{-3}$
Kubikmeter	=	27,51	220	6,11

		amer. bushel	amer. gallon	Kubikmeter
cubic yard	=	21,7	202	0,7646
cubic foot	=	0,8036	7,481	$28,32\cdot10^{-3}$
cubic inch	=	$465,1\cdot10^{-6}$	$4,329\cdot10^{-3}$	$16,39\cdot10^{-6}$
bushel (dry)	=	1,032	9,6	$36,35\cdot10^{-3}$
imperial gallon	=	0,129	1,201	$4,544\cdot10^{-3}$
engl. barrel	=	4,642	43,24	$163,56\cdot10^{-3}$
amerik. bushel (dry)	=	1	9,314	$35,24\cdot10^{-3}$
amerik. (liquid) gallon	=	0,107	1	$3,785\cdot10^{-3}$
Kubikmeter	=	28,38	264,2	1

42   Die Einheit des ebenen Winkels ist der **Radiant**

$$(\alpha) = 1 \, \text{rad.}$$

Der Radiant ist der Winkel, bei dem das Verhältnis der Länge des zugehörigen Kreisbogens zu seinem Halbmesser gleich 1 ist.

43   Andere nichtkohärente Einheiten sind

der Grad, $\quad 1^0 = (\pi/180) \, \text{rad} = 0{,}017\,453 \, \text{rad,}$

die Minute, $\quad 1' = (1/60)^0,$

die Sekunde, $\quad 1'' = (1/3600)^0 = (1/60)',$

der Neugrad, $\quad 1^g = \left(\dfrac{\pi}{2}\Big/100\right) \text{rad} = (\pi/200) \, \text{rad} = 0{,}015\,708 \, \text{rad,}$

die Neuminute, $\quad 1^c = (1/100)^g = (10^{-2})^g,$

die Neusekunde, $\quad 1^{cc} = (1/100)^c = (10^{-4})^g.$

Es ist dann

$$1 \, \text{rad} = 57{,}295\,77\ldots^0 = 57^0 \, 17' \, 44{,}8\ldots'' = 63{,}661\,97\ldots^g =$$
$$= 63^g \, 66^c \, 19{,}7\ldots^{cc},$$
$$1^g = 0{,}9^0 \quad \text{und} \quad 1^0 = 1{,}111\ldots^g.$$

44   Der Winkel

$$(\pi/2) \, \text{rad} = 90^0 = 100^g$$

wird **rechter Winkel** genannt.

45   Der **Raumwinkel** hat die Dimension

$$[\omega] = [A]^0 = [l^2]^0.$$

46   Die Einheit des Raumwinkels ist der **Steradiant**.

47   Der Steradiant ist der Raumwinkel, bei dem das Verhältnis der zugehörigen Kugelfläche zum Quadrat ihres Halbmessers gleich 1 ist.

II Zeit, Frequenz

1 Zeit

11 Die Zeit ist in allen gebräuchlichen Maßsystemen Grunddimension und Urmaß.

12 Die Dimension der Zeit wird ausgedrückt durch das Zeichen [t].

13 Das Urmaß der Zeit ist ein Naturmaß, und zwar der mittlere Sonnentag.

14 Die Einheit der Zeit ist die Sekunde

$$(t) = 1\,s.$$

Die Sekunde ist der 86 400ste Teil des mittleren Sonnentages.

15 Andere nichtkohärente Einheiten sind

$$\text{die Minute (min)} = 60\ s,$$
$$\text{die Stunde (h)} = 3600\ s = 60\ min,$$
$$\text{der Tag (d)} = 86\,400\ s = 1440\ min = 24\ h.$$

2 Frequenz

21 Die Frequenz einer Schwingung ist die Anzahl ihrer Vollschwingungen (Perioden) in der Zeiteinheit.

22 Die Frequenz hat die Dimension

$$[f] = [t]^{-1}.$$

23 Die Einheit der Frequenz ist das Hertz

$$(f) = 1\,Hz = 1\,s^{-1}.$$

24 Das Hertz ist die Frequenz eines Schwingungsvorganges mit einer Vollschwingung in der Sekunde.

25 Die Kreisfrequenz ist das 2πfache der Frequenz

$$\omega = 2\pi\,f.$$

Sie erhält keine eigene Einheit und wird daher auch in Hz gemessen.

3 Geschwindigkeit, Beschleunigung

Die Größen Geschwindigkeit und Beschleunigung werden aus Länge und Zeit abgeleitet

$$[v] = [l]\,[t]^{-1}; \qquad [a] = [l]\,[t]^{-2}.$$

Eigene Einheiten stehen nicht in Verwendung.

Für die Fallbeschleunigung wird der Normwert $g_n = 9{,}806\,65\,ms^{-2}$ definiert. Die tatsächliche Fallbeschleunigung weicht hievon von Ort zu Ort im allgemeinen ein wenig ab.

III Masse, Kraft, Gewicht, Dichte, Wichte, Druck

1 Masse

11 Die Masse ist Grunddimension im physikalischen, elektrostatischen, elektromagnetischen, Gaussschen und l t m Q-System.

12 Die Dimension der Masse wird in diesen Systemen ausgedrückt durch das Zeichen [m]. Im technischen, $Q\,\Phi\,$l t- und U I l t-System ist die Masse eine abgeleitete Größe mit der Dimension

$$[m] = [F]\,[l]^{-1}\,[t]^2 = [H]\,[l]^{-2}\,[t] = [Q]\,[\Phi]\,[l]^{-2}\,[t] =$$
$$= [P]\,[l]^{-2}\,[t]^3 = [U]\,[I]\,[l]^{-2}\,[t]^3.$$

13 Die Masse ist derzeit in allen Maßsystemen Urmaß. Als solches dient das in Sèvre aufbewahrte Prototyp des Urkilogrammes.

14 Die Einheit der Masse ist das Kilogramm

$$(m) = 1\,kg.$$

15 Andere nichtkohärente Einheiten sind

$$\text{die Tonne (t)} \quad = 10^3\ kg,$$
$$\text{der Zentner (q)} = 10^2\ kg,$$
$$\text{das Karat (k)} \quad = 0{,}2\ g,$$

ferner die englischen und amerikanischen Einheiten (s. Tabelle S. 120).

2 Kraft

21 Die Kraft ist Grunddimension im technischen Maßsystem.

22 Im technischen Maßsystem wird die Dimension der Kraft ausgedrückt durch das Zeichen [F]. In den anderen Maßsystemen ist dann

$$[F] = [m]\,[l]\,[t]^{-2} = [H]\,[l]^{-1}\,[t]^{-1} = [Q]\,[\Phi]\,[l]^{-1}\,[t]^{-1} =$$
$$= [P]\,[l]^{-1}\,[t] = [U]\,[I]\,[l]^{-1}\,[t].$$

23 Die Einheit der Kraft ist das Newton

$$(F) = 1\,N.$$

Das Newton ist die Kraft, die der Masse von 1 kg die Beschleunigung von 1 m s^{-2} erteilt.

24 Andere Einheiten außerhalb des m kg s A-Systems sind

$$1\text{ Dyne (dyn)} = 10^{-5}\ N\ \text{ und}$$
$$1\text{ Kilopond (kp)} = 9{,}806\,65\ N.$$

Das Dyne ist die Kraft, die der Masse von 1 Gramm die Beschleunigung von 1 cm s^{-2} erteilt. Es ist im physikalischen, elektrostatischen, elektromagnetischen und Gaussschen Maßsystem die kohärente Krafteinheit.

		pound	ounce	troypound
pound (lb)	=	1	16	1,215
ounce (oz)	=	$62,5 \cdot 10^{-3}$	1	$75,94 \cdot 10^{-3}$
troypound	=	0,823	13,168	1
engl. (long)ton	=	2240	$35,84 \cdot 10^3$	2722
engl. hundredweight (cwt)	=	112	$1,792 \cdot 10^3$	136,1
amer. (short)ton	=	2000	$32 \cdot 10^3$	2430
amer. hundredweight	=	100	1600	121,5
Kilogramm	=	2,205	35,27	2,68

		engl. ton	engl. hundredweight
pound (lb)	=	$0,4464 \cdot 10^{-3}$	$8,929 \cdot 10^{-3}$
ounce (oz)	=	$27,9 \cdot 10^{-6}$	$0,558 \cdot 10^{-3}$
troypound	=	$0,367 \cdot 10^{-3}$	$7,348 \cdot 10^{-3}$
engl. (long)ton	=	1	20
engl. hundredweight (cwt)	=	0,05	1
amer. (short)ton	=	0,8929	17,86
amer. hundredweight	=	$44,64 \cdot 10^{-3}$	0,8929
Kilogramm	=	$0,9842 \cdot 10^{-3}$	$19,69 \cdot 10^{-3}$

		amer. ton	amer. hundredweight	Kilogramm
pound (lb)	=	$0,5 \cdot 10^{-3}$	10^{-2}	0,4536
ounce (oz)	=	$31,25 \cdot 10^{-6}$	$0,625 \cdot 10^{-3}$	$28,35 \cdot 10^{-3}$
troypound	=	$0,411 \cdot 10^{-3}$	$8,227 \cdot 10^{-3}$	0,3732
engl. (long)ton	=	1,12	22,40	1016,05
engl. hundredweight (cwt)	=	0,056	1,12	50,802
amer. (short)ton	=	1	20	907,19
amer. hundredweight	=	0,05	1	45,36
Kilogramm	=	$1,102 \cdot 10^{-3}$	$22,05 \cdot 10^{-3}$	1

Das Kilopond ist die Kraft, die der Masse von 1 Kilogramm die Beschleunigung von $g_n = 9{,}806\,65$ m s^{-2} erteilt. Früher nannte man diese Einheit ebenfalls Kilogramm und gab ihr gelegentlich noch die Vorsilbe „Kraft-", um sie vom „Massen-"Kilogramm zu unterscheiden. Zur

Vermeidung von Verwechslungen wurde in neuerer Zeit die Bezeichnung Kraft-Kilogramm durch Kilopond ersetzt.

Auch bei den angelsächsischen Einheiten kann man aus den Masseneinheiten durch Multiplikation mit g_n gleichlautende Krafteinheiten gewinnen, wenn dies auch nur praktisch beim pound gebräuchlich ist.

3 Gewicht

31 Das Gewicht eines an einem Ort der Erde ruhenden Körpers ist die Kraft, die er im leeren Raum auf seine Unterlage ausübt. Da diese das Produkt aus der konstanten Masse und der von Ort zu Ort verschiedenen Fallbeschleunigung ist, ist das Gewicht des Körpers zunächst keine eindeutige Angabe.

32 Das Normgewicht eines Körpers ist gleich dem Produkt aus seiner Masse m und der Norm-Fallbeschleunigung $g_n = 9{,}806\,65$ m s^{-2}, oder seinem am Meßort ermittelten Gewicht G_g multipliziert mit dem Quotienten aus dem Normwert der Fallbeschleunigung und der Fallbeschleunigung am Meßort

$$G_n = m\,g_n = G_g\,\frac{g_n}{g}.$$

Das Normgewicht der Masse 1 kg ist 1 kp.

4 Dichte und Wichte

41 Die Dichte eines homogenen Körpers ist der Quotient aus seiner Masse und seinem Rauminhalt.

42 Die Wichte eines homogenen Körpers ist der Quotient aus seinem Normgewicht und seinem Rauminhalt.

43 Für Dichte und Wichte stehen keine eigenen Einheiten zur Verfügung. Man nimmt also den Quotienten aus je einer beliebigen Massen-, bzw. Krafteinheit und einer beliebigen Volumeneinheit. Die kohärenten Einheiten des natürlichen m kg s-Systems sind das kg/m³, beziehungsweise das kp/m³.

5 Druck

51 Der Druck ist eine abgeleitete Größe mit der Dimension

$$[p] = [F]\,[l]^{-2} = [m]\,[l]^{-1}\,[t]^{-2}.$$

52 Die Einheit des Druckes ist der Druck, den die gleichmäßig verteilte Kraft von 1 Newton auf eine Fläche von 1 Quadratmeter ausübt (N m^{-2}).

53 Andere nichtkohärente Einheiten sind

$$\text{das Bar (bar)} = 10^5 \text{ N m}^{-2},$$

$$\text{die technische Atmosphäre (at)} = 9{,}806\,65 \cdot 10^4 \text{ N m}^{-2},$$

$$\text{die physikalische Atmosphäre (Atm)} = 1{,}013\,250 \cdot 10^5 \text{ N m}^{-2},$$

$$\text{das Torr} = 133{,}322 \text{ N m}^{-2}.$$

Dabei ist die technische Atmosphäre der Druck der Kraft von 1 kp auf eine Fläche von 1 cm²

$$1 \text{ at} = 1 \text{ kp cm}^{-2},$$

das Torr der Druck einer Quecksilbersäule von 1 mm Höhe bei 0 °C und der Normal-Fallbeschleunigung,

und die physikalische Atmosphäre gleich dem Druck von 760 Torr.

Es ist damit

	$\dfrac{\text{Newton}}{\text{Quadratmeter}}$	Bar
Newton/Quadratmeter	1	10^{-5}
Bar	10^5	1
techn. Atmosphäre	98 066,5	0,980 665
physik. Atmosphäre	101 325	1,013 25
Torr	133,322	$1,333\ 22 \cdot 10^{-3}$

	techn. Atmosphäre	physikal. Atmosphäre	Torr
Newton/Quadratmeter	$10,197 \cdot 10^{-6}$	$9,869\ 2 \cdot 10^{-6}$	$7,500\ 5 \cdot 10^{-3}$
Bar	$1,019\ 7$	0,986 92	750,05
techn. Atmosphäre	1	0,967 84	735,56
physik. Atmosphäre	1,033 23	1	760
Torr	$1,359\ 51 \cdot 10^{-3}$	$1,315\ 79 \cdot 10^{-3}$	1

Gebräuchliche englische und amerikanische Einheiten sind ferner

	pounds per cubic foot	pounds per cubic inch	Kilogramm je Kubikmeter
pounds per cubic foot	1	$0,578\ 7 \cdot 10^{-3}$	16,02
pounds per cubic inch	1 728	1	$27,68 \cdot 10^3$
Kilogramm je Kubikmeter	$62,43 \cdot 10^{-3}$	$36,13 \cdot 10^{-6}$	1

IV Arbeit, Energie, Leistung

1 Arbeit, Energie

11   Die von einer Kraft geleistete Arbeit ist das Produkt aus der Kraftkomponente in der Wegrichtung und dem zurückgelegten Weg. Die Arbeit hat also die Dimension

$$[A] = [F]\,[l] = [H]\,[t]^{-1} = [Q]\,[\Phi]\,[t]^{-1} = [m]\,[l]^2\,[t]^{-2}.$$

12   Die Einheit der Arbeit ist das Joule

$$(A) = 1\ J.$$

Das Joule ist die Arbeit, die die Kraft von 1 Newton auf dem Weg von 1 Meter verrichtet

$$1\ J = 1\ Nm.$$

13   Andere Einheiten außerhalb des m kg s-Systems sind

$$\text{das Erg} = 1\ \text{dyn cm} = 10^{-7}\ \text{Joule}$$

und

$$\text{das Kilopondmeter (kp m)} = 9{,}806\,65\ J.$$

Das Erg ist im physikalischen, elektrostatischen und elektromagnetischen Maßsystem die kohärente Arbeitseinheit.

In der Elektrotechnik wird auch noch die Einheit

$$\text{Wattstunde (Wh)} = 3600\ J$$

verwendet, die sich aus der Leistungseinheit Watt ableitet.

Eine englische Arbeitseinheit ist das

$$\text{foot-pound} = 0{,}138\,3\ \text{kp m} = 1{,}356\ J.$$

14   Die Energie hat die gleiche Dimension wie die Arbeit. Sie wird auch mit denselben Einheiten wie diese gemessen.

2 Leistung

21   Die Leistung ist die in der Zeiteinheit aufgewandte oder verbrauchte Arbeit; sie hat daher die Dimension

$$[P] = [A]\,[t]^{-1} = [H]\,[t]^{-2} = [m]\,[l]^2\,[t]^{-3} = [Q]\,[\Phi]\,[t]^{-2} = [U]\,[I].$$

22   Die Einheit der Leistung ist das Watt

$$(P) = 1\ W.$$

Das Watt ist die Leistung, bei der in der Sekunde eine Arbeit von 1 Joule verbraucht oder gewonnen wird. Durch elektrische Einheiten ausgedrückt ist sie auch das Produkt aus der Spannung von 1 Volt und dem Strom von 1 Ampere

$$1\ W = 1\ J\,s^{-1} = 1\ N\,m\,s^{-1} = 1\ V\,A = 1\ VA.$$

23   Andere, nichtkohärente Einheiten sind

das Kilopondmeter/Sekunde $= 9{,}806\,65$ W,

die Pferdestärke (PS) $= 75$ kp m s^{-1} $= 735{,}5$ W,

und ferner die englischen Einheiten

	foot-pounds per second	horse-power I	horse-power II	Pferde-stärke	Watt
foot-pounds per second $=$	1	$1{,}818\cdot10^{-3}$	$1{,}807\cdot10^{-3}$	$1{,}843\,6\cdot10^{-3}$	1,356
horsepower I $=$	550	1	0,999 6	1,013 9	745,7
horsepower II $=$	553,4	1,000 4	1	1,014 3	746
Pferdestärke $=$	542,5	0,986 3	0,985 9	1	735,5
Watt $=$	0,737 6	$1{,}341\cdot10^{-3}$	$1{,}340\cdot10^{-3}$	$1{,}360\cdot10^{-3}$	1

bei denen zwei etwas voneinander verschiedene Pferdestärken definiert werden.

V Elektrische Ladung, Stromstärke, magnetische Erregung

1 Elektrische Ladung

11 Die elektrische Ladung ist im $Q \Phi l t$-System und im $l t m Q$-System Grunddimension.

12 Die Dimension wird in diesen Systemen ausgedrückt durch das Zeichen $[Q]$. Im $U I l t$-System hat sie die Dimension $[I]\,[t]$. Bei den Dreiersystemen ist die Dimension

$$[Q]_e = [m]^{1/2}\,[l]^{3/2}\,[t]^{-1}$$

im elektrostatischen, und

$$[Q]_m = [m]^{1/2}\,[l]^{1/2}$$

im elektromagnetischen und GAUSSschen Maßsystem.

13 Die Einheit der elektrischen Ladung ist das Coulomb

$$(Q) = 1\,\mathrm{C}.$$

Das Coulomb ist die Elektrizitätsmenge, die bei der Stromstärke von 1 Ampere (s. Punkt 2) in einer Sekunde durch den Strömungsquerschnitt fließt

$$1\,\mathrm{C} = 1\,\mathrm{A\,s}.$$

14 Andere Einheiten sind

$$\text{das Priestley}^1\ (\mathrm{Pr}) = \frac{10}{\{c\}}\,\mathrm{C},$$

die elektrostatische Ladungseinheit $(Q)_e$,

die elektromagnetische Ladungseinheit $(Q)_m$.

$\{c\} = 2{,}997\,78 \cdot 10^{10} \approx 3 \cdot 10^{10}$ ist der Betrag der Lichtgeschwindigkeit in $\mathrm{cm\,s^{-1}}$.

Das Priestley ist dabei definiert als die Ladung, die auf eine gleich große, in der Entfernung von 1 cm befindliche, im Vakuum mit einer Kraft von 1 dyn wirkt. Die gleiche Definition gilt im dreidimensionalen elektrostatischen Maßsystem für $(Q)_e$, so daß

$$1\,\mathrm{Pr} \mathrel{\hat{=}} 1\,(Q)_e$$

gesetzt werden kann. Dagegen gilt

$$1\,(Q)_m \mathrel{\hat{=}} \{c\}\,(Q)_e \mathrel{\hat{=}} \{c\}\,\mathrm{Pr} = 10\,\mathrm{C}.$$

---

[1] Vorschlag von E. WEBER.

2   Stromstärke

21   Die elektrische Stromstärke ist die in der Zeiteinheit durch einen elektrischen Leiter tretende Elektrizitätsmenge. Im U I l t-System ist sie Grunddimension, in allen anderen abgeleitete. Ihre Dimension ist

$$[I] = [Q]\,[t]^{-1} \quad \text{in den Vierersystemen,}$$

$$[I]_e = [I]_g = [m]^{1/2}\,[l]^{3/2}\,[t]^{-2} \quad \text{im elektrostatischen und G\textsc{auss}schen System,}$$

$$[I]_m = [m]^{1/2}\,[l]^{1/2}\,[t]^{-1} \quad \text{im elektromagnetischen System.}$$

22   Die Einheit der Stromstärke ist das A m p e r e

$$(I) = 1\,\mathrm{A}.$$

23   Das Ampere ist die Stärke eines in zwei, im Abstand von 1 Meter parallel zueinander angeordneten, unendlich langen, fadenförmigen Leitern unveränderlich fließenden Stromes, wenn sich die im Vakuum befindlichen Leiter mit einer Kraft von $2 \cdot 10^{-7}$ Newton je Meter Leitungslänge gegenseitig beeinflussen.

24   Das Ampere ist in allen gebräuchlichen Vierersystemen Grundeinheit.

25   Eine andere, nichtkohärente Stromstärkeneinheit ist

$$\text{das Gilbert} = 10\,\mathrm{A} = \{c\}\,\mathrm{Pr}\,\mathrm{s}^{-1}.$$

26   Die Einheiten der Dreiersysteme sind

die elektrostatische Stromstärkeneinheit $(I)_e = 1\,\mathrm{g}^{1/2}\,\mathrm{cm}^{3/2}\,\mathrm{s}^{-2}$,

die elektromagnetische Stromstärkeneinheit $(I)_m = 1\,\mathrm{g}^{1/2}\,\mathrm{cm}^{1/2}\,\mathrm{s}^{-1}$.

Dabei entsprechen

	$(I)_m$	$(I)_e = (I)_g$	Gilbert	A
$(I)_m$ =	1	$\{c\}$	1	10
$(I)_e = (I)_g$ =	$\{c\}^{-1}$	1	$\{c\}^{-1}$	$\{c\}^{-1}\,10$
Gilbert =	1	$\{c\}$	1	10
A =	10^{-1}	$\{c\}\,10^{-1}$	10^{-1}	1
$\{c\}$ =		$2{,}997\,78 \cdot 10^{10} \approx 3 \cdot 10^{10}$		

3   Magnetische Erregung

31   Die magnetische Erregung einer wirklichen oder gedachten Spule ist die auf die Längeneinheit der Wicklung bezogene Amperewindungszahl, das ist das Produkt aus Stromstärke und Windungszahl.

32   Die Dimension der magnetischen Erregung ist

$$[H] = [I]\,[l]^{-1} = [Q]\,[l]^{-1}\,[t]^{-1} \quad \text{in den Vierersystemen,}$$

$$[H]_e = [m]^{1/2}\,[l]^{1/2}\,[t]^{-2} \quad \text{im elektrostatischen,}$$

$$[H]_m = [m]^{1/2}\,[l]^{-1/2}\,[t]^{-1} \quad \text{im elektromagnetischen und G\textsc{auss}schen System.}$$

33 Als Einheit der magnetischen Erregung dient in den Vierersystemen das Ampere/Meter ohne eigenen Namen.

34 Die Einheiten der Dreiersysteme sind

die elektrostatische Einheit $(H)_e = 1\,g^{1/2}\,cm^{1/2}\,s^{-2}$,

die elektromagnetische Einheit $(H)_m$ oder das Oersted $= 1\,g^{1/2}\,cm^{-1/2}\,s^{-1}$.

Dabei entsprechen

	$(H)_e$	$(H)_m = (H)_g =$ Oersted		Ampere/Meter	amp/inch
$(H)_e$ =	1	$\{c\}^{-1}$	$\{c\}^{-1}$	$\{c\}^{-1}\,10^3$	$25,4\,\{c\}^{-1}$
$(H)_m = (H)_g$ =	$\{c\}$	1	1	10^3	$25,4$
Oersted (Oe) =	$\{c\}$	1	1	10^3	$25,4$
Ampere/Meter =	$\{c\}\,10^{-3}$	10^{-3}	10^{-3}	1	$25,4 \cdot 10^{-3}$
amp/inch =	$39,37\,\{c\}\,10^{-3}$	$39,37 \cdot 10^{-3}$	$39,37 \cdot 10^{-3}$	$39,37$	1
$\{c\}$ =		$2,997\,78 \cdot 10^{10} \approx 3 \cdot 10^{10}$			

wenn das Oersted als gleiche Einheit für die rationale und nichtrationale Schreibweise des Durchflutungsgesetzes, also für die Messung der beiden verschiedenen Größen H und H' gemeinsam verwendet wird, oder

	$(H)_e$	$(H)_m = (H)_g$	Oersted	Ampere/Meter	amp/inch
$(H)_e$ =	1	$\{c\}^{-1}$	$\{c\}^{-1}$	$\dfrac{1}{4\,\pi}\,\{c\}^{-1}\,10^3$	$2,021\,\{c\}^{-1}$
$(H)_m = (H)_g$ =	$\{c\}$	1	1	$\dfrac{1}{4\,\pi}\,10^3$	$2,021$
Oersted =	$\{c\}$	1	1	$\dfrac{1}{4\,\pi}\,10^3 = 79,58$	$2,021$
Ampere/Meter =	$4\,\pi\,\{c\}\,10^{-3}$	$4\,\pi\,10^{-3}$	$4\,\pi\,10^{-3} = 12,57 \cdot 10^{-3}$	1	$25,4 \cdot 10^{-3}$
amp/inch =	$0,495\,\{c\}$	$0,495$	$0,495$	$39,37$	1

wenn das Oersted als Einheit nur der nichtrationalen Maßzahlgleichung des Durchflutungsgesetzes zugrunde gelegt wurde, beziehungsweise seine Umrechnungszahl zur Umrechnung der Maßzahlen der Größe H' in die Größe H benützt wird.

VI Magnetischer Fluß, elektrische Spannung, elektrische Feldstärke, magnetische Feldstärke

1 Magnetischer Fluß

11 Der magnetische Fluß ist im $Q \Phi l t$-System Grunddimension.

12 Die Dimension des magnetischen Flusses wird ausgedrückt durch das Zeichen $[\Phi]$.

13 In den anderen Systemen hat der magnetische Fluß die Dimensionen

$$[\Phi] = [U][t] = [m][l]^2[t]^{-1}[Q]^{-1},$$

beziehungsweise

$$[\Phi]_m = [m]^{1/2}[l]^{3/2}[t]^{-1} = [\Phi]_g \text{ im elektromagnetischen und Gaussschen,}$$

$$[\Phi]_e = [m]^{1/2}[l]^{1/2} \text{ im elektrostatischen Maßsystem.}$$

14 Die Einheit des magnetischen Flusses ist das **Weber**

$$(\Phi) = 1 \text{ Wb}.$$

15 Das Weber ist die sekundliche Flußänderung, die durch Induktion in einer Leiterschleife eine Spannung von 1 Volt erzeugt,

$$1 \text{ Wb} = 1 \text{ Vs}.$$

16 Andere Einheiten sind

$$\text{das Maxwell (M)} = 10^{-8} \text{ Wb},$$

$$\text{die elektromagnetische Einheit } (\Phi)_m = 1 \text{ g}^{1/2} \text{ cm}^{3/2} \text{ s}^{-1},$$

$$\text{die elektrostatische Einheit } (\Phi)_e = 1 \text{ g}^{1/2} \text{ cm}^{1/2}.$$

2 Elektrische Spannung

21 Die elektrische Spannung hat die Dimension

$$[U] = [\Phi][t]^{-1} = [m][l]^2[t]^{-2}[Q]^{-1} \text{ in den Vierersystemen,}$$

$$[U]_m = [m]^{1/2}[l]^{3/2}[t]^{-2} \text{ im elektromagnetischen,}$$

$$[U]_e = [m]^{1/2}[l]^{1/2}[t]^{-1} \text{ im elektrostatischen Maßsystem.}$$

Im $U I l t$-System ist sie Grunddimension.

22 Die Einheit der elektrischen Spannung ist das **Volt**

$$(U) = 1 \text{ V}.$$

Das Volt ist Grundeinheit im $m s V A$-System.

23 Andere Einheiten sind

$$\text{die elektromagnetische Spannungseinheit } (U)_m = (U)_g \triangleq \{c\} \cdot 10^{-8} \text{ V},$$

$$\text{die elektrostatische Spannungseinheit } (U)_e \triangleq \{c\}^{-1}(U)_m \triangleq 10^{-8} \text{ V}.$$

3 Elektrische Feldstärke

31 Die elektrische Feldstärke hat die Dimension

$$[E] = [U][l]^{-1} = [\Phi][l]^{-1}[t]^{-1} = [F][Q]^{-1} = [m][l][t]^{-2}[Q]^{-1}.$$

32 In den Dreiersystemen hat die elektrische Feldstärke die Dimensionen

$$[E]_e = [m]^{1/2} [l]^{-1/2} [t]^{-1} \quad \text{im elektrostatischen,}$$

$$[E]_m = [m]^{1/2} [l]^{1/2} [t]^{-2} \quad \text{im elektromagnetischen Maßsystem.}$$

33 Die Einheiten der elektrischen Feldstärke sind

$$(E) = 1\,\text{V/m} = 1\,\text{N/C} \quad \text{in den Vierersystemen,}$$

$$\text{die elektrostatische Einheit } (E)_e = 1\,g^{1/2}\,cm^{-1/2}\,s^{-1},$$

$$\text{die elektromagnetische Einheit } (E)_m = 1\,g^{1/2}\,cm^{1/2}\,s^{-2}.$$

4 Magnetische Feldstärke (Induktion)

41 Die magnetische Feldstärke hat die Dimension

$$[B] = [\Phi]\,[l]^{-2} = [m]\,[t]^{-1}\,[Q]^{-1}.$$

42 In den Dreiersystemen hat die magnetische Feldstärke die Dimensionen

$$[B]_m = [m]^{1/2} [l]^{-1/2} [t]^{-1} = [B]_g \quad \text{im elektromagnetischen,}$$

$$[B]_e = [m]^{1/2} [l]^{-3/2} \quad \text{im elektrostatischen Maßsystem.}$$

43 Die Einheit der magnetischen Feldstärke ist das Weber/Quadratmeter, wofür neuerdings der Name Tesla vorgeschlagen wurde

$$(B) = 1\,\text{Wb/m}^2 = 1\,\text{T}.$$

44 Andere nichtkohärente Einheiten sind

$$\text{das Gauß } (G) = 10^{-4}\,\text{Wb/m}^2 = 10^{-4}\,\text{T}$$

und die englischen Einheiten

	Maxwell/inch²	Weber/inch²	Tesla
Maxwell/inch² =	1	10^{-8}	$15{,}5 \cdot 10^{-6}$
Weber/inch² =	10^8	1	1550
Tesla =	$64{,}52 \cdot 10^3$	$645{,}2 \cdot 10^{-6}$	1

45 In den Dreiersystemen bestehen

$$\text{die elektromagnetische Einheit } (B)_m = 1\,g^{1/2}\,cm^{-1/2}\,s^{-1}, \text{ und}$$

$$\text{die elektrostatische Einheit } (B)_e = 1\,g^{1/2}\,cm^{-3/2},$$

wobei die folgenden Entsprechungen vorliegen

	$(B)_e$	$(B)_m = (B)_g$	Tesla
$(B)_e$ =	1	$\{c\}$	$\{c\}\,10^{-4}$
$(B)_m = (B)_g$ =	$\{c\}^{-1}$	1	10^{-4}
Tesla =	$\{c\}^{-1}\,10^4$	10^4	1
$\{c\}$ =		$2{,}997\,78 \cdot 10^{10} \approx 3 \cdot 10^{10}$	

VII Widerstand, Induktivität, Kapazität

1 *Widerstand*

11 Der elektrische Widerstand ist der Quotient aus Spannung und Stromstärke. Er hat also die Dimension

$$[R] = [U]\,[I]^{-1} = [Q]^{-1}\,[\Phi] = [m]\,[l]^2\,[t]^{-1}\,[Q]^{-2}.$$

12 In den Dreiersystemen hat der elektrische Widerstand die Dimensionen

$$[R]_e = [l]^{-1}\,[t] \quad \text{im elektrostatischen,}$$
$$[R]_m = [l]\,[t]^{-1} \quad \text{im elektromagnetischen Maßsystem.}$$

13 Die Einheit des elektrischen Widerstandes ist das Ohm

$$(R) = 1\,\Omega.$$

Das Ohm ist der Widerstand eines Leiters, der von einem Strom von der Stärke 1 Ampere durchflossen wird, wenn man ihn an eine Spannung von 1 Volt legt.

14 In den Dreiersystemen bestehen

die elektrostatische Widerstandseinheit $(R)_e = 1\,\mathrm{cm}^{-1}\mathrm{s}$,

die elektromagnetische Widerstandseinheit $(R)_m = 1\,\mathrm{cm}\,\mathrm{s}^{-1}$,

wobei die folgenden Entsprechungen vorliegen

		$(R)_e$	$(R)_m$	Ohm
$(R)_e$	$=$	1	$\{c\}^2$	$\{c\}^2\,10^{-9}$
$(R)_m$	$=$	$\{c\}^{-2}$	1	10^{-9}
Ohm	$=$	$\{c\}^{-2}\,10^9$	10^9	1
$\{c\}$	$=$	$2{,}997\,78 \cdot 10^{10} \approx 3 \cdot 10^{10}$		

2 *Induktivität*

21 Die Induktivität ist der Quotient aus dem magnetischen Fluß einer Spule und dem ihn erzeugenden Strom. Ihre Dimension ist also

$$[L] = [\Phi]\,[I]^{-1} = [Q]^{-1}\,[\Phi]\,[t] = [m]\,[l]^2\,[Q]^{-2}.$$

22 In den Dreiersystemen hat die Induktivität die Dimensionen

$$[L]_m = [l] \quad \text{im elektromagnetischen,}$$
$$[L]_e = [l]^{-1}\,[t]^2 \quad \text{im elektrostatischen Maßsystem.}$$

23   Die Einheit der Induktivität ist das Henry

$$(L) = 1\,\text{H}.$$

Das Henry ist die Induktivität einer Spule, in der von einem Strom von 1 Ampere ein magnetischer Fluß von 1 Weber erzeugt wird.

$$1\,\text{H} = 1\,\frac{\text{Wb}}{\text{A}}\cdot$$

24   In den Dreiersystemen bestehen

die elektromagnetische Einheit der Induktivität $(L)_m = 1\,\text{cm}$,

die elektrostatische Einheit der Induktivität $(L)_e = 1\,\text{cm}^{-1}\,\text{s}^2$,

wobei die folgenden Entsprechungen vorliegen

		$(L)_e$	$(L)_m = 1\,\text{cm}$	Henry
$(L)_e$	$=$	1	$\{c\}^2$	$\{c\}^2\,10^{-9}$
$(L)_m = 1\,\text{cm}$	$=$	$\{c\}^{-2}$	1	10^{-9}
Henry (H)	$=$	$\{c\}^{-2}\,10^9$	10^9	1
$\{c\}$	$=$	$2{,}997\,78\cdot 10^{10} \approx 3\cdot 10^{10}$		

3   *Kapazität*

31   Die Kapazität ist der Quotient aus der elektrischen Ladung eines Kondensators und der angelegten Spannung. Ihre Dimension ist also

$$[C] = [Q]\,[U]^{-1} = [Q]\,[\Phi]^{-1}\,[t] = [U]^{-1}\,[I]\,[t] =$$
$$= [m]^{-1}\,[l]^{-2}\,[t]^2\,[Q]^2.$$

32   In den Dreiersystemen hat die Kapazität die Dimensionen

$$[C]_e = [l]\quad\text{im elektrostatischen,}$$
$$[C]_m = [l]^{-1}\,[t]^2\quad\text{im elektromagnetischen Maßsystem.}$$

33   Die Einheit der Kapazität ist das Farad

$$(C) = 1\,\text{F}.$$

Das Farad ist die Kapazität eines Kondensators, der beim Anlegen an eine Spannung von 1 Volt eine Ladung von 1 Coulomb aufnimmt

$$1\,\text{F} = 1\,\frac{\text{C}}{\text{V}}\cdot$$

34   In den Dreiersystemen bestehen

die elektrostatische Kapazitätseinheit $(C)_e = 1\,\text{cm}$,

die elektromagnetische Kapazitätseinheit $(C)_m = 1\,\text{cm}^{-1}\,\text{s}^2$, wobei die folgenden Entsprechungen vorliegen

	$(C)_e = 1$ cm	$(C)_m$	Farad
$(C)_e = 1$ cm $=$	1	$\{c\}^{-2}$	$\{c\}^{-2}\,10^9$
$(C)_m$ $\quad\quad =$	$\{c\}^2$	1	10^9
Farad (F) $\quad =$	$\{c\}^2\,10^{-9}$	10^{-9}	1
$\{c\}$ $\quad\quad\quad =$	$2{,}997\,78 \cdot 10^{10} \approx 3 \cdot 10^{10}$		

VIII Permeabilität, Dielektrizitätskonstante

1 *Permeabilität*

11 Die Permeabilität eines magnetischen Stoffes ist das Verhältnis der magnetischen Feldstärke zur das magnetische Feld erzeugenden magnetischen Erregung. Sie hat daher die Dimension

$$[\mu] = [\mathrm{Q}]^{-1}\,[\Phi]\,[\mathrm{l}]^{-1}\,[\mathrm{t}] = [\mathrm{U}]\,[\mathrm{I}]^{-1}\,[\mathrm{l}]^{-1}\,[\mathrm{t}] = [\mathrm{m}]\,[\mathrm{l}]\,[\mathrm{Q}]^{-2}.$$

12 In den Dreiersystemen hat die Permeabilität die Dimensionen

$$[\mu]_m = 1 \quad \text{im elektromagnetischen,}$$
$$[\mu]_e = [\mathrm{l}]^{-2}\,[\mathrm{t}]^2 \quad \text{im elektrostatischen Maßsystem.}$$

13 Eine Einheit für die Permeabilität ist nicht gebräuchlich; die kohärente Einheit wäre

$$(\mu) = 1\,\frac{\mathrm{Wb}}{\mathrm{A\,m}} = 1\,\frac{\mathrm{V\,s}}{\mathrm{A\,m}} = 1\,\mathrm{H\,m^{-1}}.$$

14 Die Permeabilität des leeren Raumes heißt **Induktionskonstante**. Die Induktionskonstante ist viertes Urmaß, an das die Grundeinheit Ampere (s. S. 55/56) angebunden wird, indem der Induktionskonstanten der Wert

$$\mu_0 = 4\pi\,10^{-7}\,\frac{\mathrm{V\,s}}{\mathrm{A\,m}}$$

beigelegt wurde.

15 Das Verhältnis der Permeabilität eines Stoffes zur Induktionskonstante heißt **Permeabilitätszahl**

$$\mathrm{M} = \frac{\mu}{\mu_0}.$$

Die Permeabilitätszahl ist dimensionslos.

2 *Dielektrizitätskonstante*

21 Die **Dielektrizitätskonstante** eines dielektrischen Stoffes ist das Verhältnis der elektrischen Verschiebung zur elektrischen Feldstärke. Sie hat daher die Dimension

$$[\varepsilon] = [\mathrm{Q}]\,[\Phi]^{-1}\,[\mathrm{l}]^{-1}\,[\mathrm{t}] = [\mathrm{U}]^{-1}\,[\mathrm{I}]\,[\mathrm{l}]^{-1}\,[\mathrm{t}] = [\mathrm{m}]^{-1}\,[\mathrm{l}]^{-3}\,[\mathrm{t}]^2\,[\mathrm{Q}]^2.$$

22 In den Dreiersystemen hat die Dielektrizitätskonstante die Dimension

$$[\varepsilon]_e = 1 \quad \text{im elektrostatischen,}$$
$$[\varepsilon]_m = [\mathrm{l}]^{-2}\,[\mathrm{t}]^2 \quad \text{im elektromagnetischen Maßsystem.}$$

23 Eine Einheit für die Dielektrizitätskonstante ist nicht gebräuchlich; die kohärente Einheit wäre

$$(\varepsilon) = 1\,\frac{C\,m}{m^2\,V} = 1\,\frac{A\,s}{V\,m} = 1\,\frac{F}{m}\,.$$

24 Die Dielektrizitätskonstante des leeren Raumes heißt **Influenzkonstante**. Sie hat den Wert

$$\varepsilon_0 = \frac{1}{4\pi}\,\{c\}^{-2}\,10^{11}\,\frac{A\,s}{V\,m}\,.$$

25 Das Verhältnis der Dielektrizitätskonstante eines Stoffes zur Influenzkonstante heißt **Dielektrizitätszahl**

$$E = \frac{\varepsilon}{\varepsilon_0}\,.$$

Die Dielektrizitätszahl ist dimensionslos.

IX Wärmemenge, Temperatur

1 Wärmemenge

11 Die Wärmemenge hat die Dimension

$$[Q] = [W] = [P]\,[t] = [F]\,[l] = [m]\,[l]^2\,[t]^{-2}.$$

12 Die Einheit der Wärmemenge ist das Joule

$$(Q) = 1\,\mathrm{J}.$$

13 Eine andere, nicht kohärente Einheit ist

$$\text{die Kalorie (cal)} = 4{,}186\,8\ \text{Joule}.$$

Sie entspricht etwa der erforderlichen Wärme, um 1 g Wasser um 1 °C zu erwärmen. Der Umrechnungsfaktor 4,186 8 ist per definitionem gewählt.

2 Temperatur

21 Die Temperatur hat die Dimension

$$[W]\,[m^0]^{-1}.$$

22 Im thermischen Vierersystem ist die Temperatur vierte Grunddimension. Sie wird dann dargestellt durch das Zeichen [T].

23 Eine Einheit der Temperatur ist das Clausius

$$(T) = 1\,\mathrm{Cl}.$$

Die Temperatur 1 Clausius liegt vor, wenn die mittlere kinetische Energie der an der Wärmebewegung eines dekadischen Mols beteiligten Partikel 1 Joule beträgt.

24 Andere Temperatureinheiten, vor allem im thermischen Vierersystem, sind

$$\text{das Grad Kelvin } (^0\mathrm{K}) \triangleq 20{,}71\ \mathrm{Cl},$$

und die Temperaturdifferenzen

$$\text{das Grad Celsius } (^0\mathrm{C}) = 1\ ^0\mathrm{K},$$

$$\text{das Grad Reaumur } (^0\mathrm{R}) = \frac{5}{4}\ ^0\mathrm{C},$$

$$\text{das Grad Fahrenheit } (^0\mathrm{F}) = \frac{5}{9}\ ^0\mathrm{C}.$$

Für Temperaturdifferenzen gelten also die Beziehungen

	Grad Celsius = = Grad Kelvin	Grad Reaumur	Grad Fahrenheit	Clausius
Grad Celsius = = Grad Kelvin	1	0,8	1,8	20,71
Grad Reaumur	1,25	1	2,25	25,89
Grad Fahrenheit	0,555 6	0,444 4	1	11,51
Clausius	0,048 3	0,038 6	0,086 9	1

Literaturverzeichnis

1. LANDOLT, M.: Größe, Maßzahl und Einheit. Zürich: Rascher, 1943.
2. FRANKE, O.: Die Maßsysteme und Maßeinheiten der elektrischen und magnetischen Größen. EuM 1951, H. 11, S. 280. H. 13, S. 323, H. 14, S. 344, H. 15/16, S. 378. Hiezu noch 4.
3. BRIDGMAN, P. W.: Theorie der physikalischen Dimensionen. Leipzig-Berlin: Teubner, 1932.
4. OBERDORFER, G.: Zur Maßsystemfrage in der Elektromagnetik. EuM 1952, H. 12, S. 290.
5. BODEA, E.: Ein natürliches Maßsystem der Atomistik. Die Technik in wissenschaftlichen Abhandlungen, 2. Jahrg., H. 1, S. 1. Wien: Hippolyt, 1952.
6. SCHAEFER, C.: Einführung in die Maxwellsche Theorie der Elektrizität und des Magnetismus, 4. Aufl. Berlin: W. de Gruyter, 1941.
7. BODEA, E.: Giorgis rationales MKS-Maßsystem mit Dimensions-kohärenz, 2. Aufl. Basel: Birkhäuser, 1949.
8. WALLOT, J.: Größengleichungen, Einheiten und Dimensionen. Leipzig: J. A. Barth, 1953.
9. LANDOLT, M. und BOER, J. DE: Quelle est la signification de la rationalisation totale? Revue générale de l'Electricité 1951, H. 12, S. 499.
10. SOMMERFELD, A.: Vorlesungen über theoretische Physik, Bd. III, Elektrodynamik. Wiesbaden: Dieterich, 1948.
11. STILLE, U.: Drei-, Vier- und Fünf-Grundgrößen-Gleichungen in der Elektrotechnik. Abh. Wiss. Ges. Braunschweig. Bd. I, H. 1, S. 56...75, 1949.
12. Bundesgesetz 152 vom 5. Juli 1950. Österr. Bundesgesetzblatt 1950, 38. Stück, 17. 8. 1950.
13. OTTO, J.: Die deutsche gesetzliche und internationale Temperatur-skala. ATM, V210-1, Lieferung 214, November 1953.
14. BODEA, E.: Das natürliche Maßsystem in der Thermik. Die Technik in wissenschaftlichen Abhandlungen, 1. Jahrg., H. 5. Wien: Hippolyt, 1951.

Sachverzeichnis